U0099798

比教科書有趣的 14個科學實驗 I

早稻田大學本庄高等學院
實驗開發班／著
陳朕疆／譯

前言

小孩子提出的「為何？」「為什麼？」

「為什麼一定要學習理科呢？」

「那麼難的數學有什麼用呢？」

當學習者提出一個個疑問時，就是讓我們教育者反思教育方式的大好時機。

如果對這些疑問想都不想就回答「不要想那麼多，讀下去就對了」「別再抱怨了快讀書」之類的話，對事情也不會有任何幫助。藉由過去的經驗及許多研究結果、實驗，我們深深體會到了這點。那麼，該怎麼做才能讓學生們從這些普通的疑問中激發出對科學的興趣呢？事實上，這次出版的這本書，正是我們重新反思教育方式的起點。

為什麼孩子們會對學習這件事抱持著疑問呢？其中一個答案，就是因為他們不曉得在學校學到的東西和日常生活有什麼關聯，不曉得如何將學到的知識與經驗應用在日常生活中，不是嗎？

本來理想中的課程應該不會讓學生們有這些疑問才對，但可惜的是，事實上教科書並沒有辦法解決學生們的疑問，使許多教師們教得相當辛苦。還有一個原因，那就是理解、背誦教科書的內容，在不知不覺中變成了教學的目的。

人類天生就擁有旺盛的好奇心，想必許多父母都曾有過被孩子追問著「這是什麼？」「為什麼呢？」的經驗。甚至可以說，孩子們的追問正是他們生存的本能。父母應該要用各種方法，盡可能地回答孩子們的問題，最好能讓孩子們保持他們的好奇心，一直到成為大人。這樣才對不是嗎？

學校的教師們也和父母親一樣，面對提出各式各樣問題的孩子們，應該要用各種方法引導孩子們找到解答才行。然而隨著年級數的增加，學生們必須記憶的東西愈來愈多，教學過程中也只剩下了黑板和粉筆。想辦法解開這種教學上的矛盾，毫無疑問的，正是教學者們的責任。

持續產生求知欲的心流狀態

那麼，該怎麼做，才不會在教學過程中讓學生們產生「為什麼一定要學習理科呢？」的疑問呢？其中一個答案，就在心理學家米哈里·奇克森特米海伊（Mihaly Csikszentmihalyi）所提出的「心流理論」中。

樂高公司就是基於這個理論而成功發展成世界級的公司。數年前，我到位於丹麥的總公司學習樂高的教育理念，並實際體驗樂高公司的教育。樂高公司提倡「心流狀態下的孩子們，可以體會到思考的樂趣」。那麼，心流狀態又是什麼樣的狀態呢？那就是「忘我的狀態」。也就是忘記自我存在、沉浸其中的狀態。若要讓人進入這種狀態，就需要給予適合這個人的明確目的與適當環境。

就像教學大綱所說的，學生們須透過觀察與實驗，培養各領域的知識與能力。並試著分析、解釋結果，推導出自己的答案。再試著將這樣的想法傳達給其他人、與其他人討論。營造出這樣的環境、引導學生們前進，正是教師們的本分。

能夠享受這段過程的孩子們，會逐漸發現運用頭腦，甚至是運用全身去學習的快樂。他們能將學到的東西與自己的經驗互相對照，在經過思考、判斷之後，還能夠將其表現出來。而且在碰到問題時，能夠勇敢地與問題正面對決。這不就是文部科學省所提倡的，要讓學生們擁有「生存能力」的有效方法嗎？

培養才能的教育

在網路上搜尋「Le macchine di Leonardo da Vinci」，可以找到文藝復興時期的巨人——李奧納多·達文西所設計之各種機械的相關介紹網站。其中，也包括了直升機原型機械的模型。想必當時應該有許多人都有著想在空中飛行的衝動吧。

目前全日空航空公司的Logo是ANA，不過在我還小的時候，全日空將達文西所繪製的直升機圖像直接當成它們的Logo（現在仍會將簡化版的直升機當成活動時的Logo）。全日空的前身公司之一是日本直升機運輸公司。想必創業者在很小的時候，應該也有著飛行的夢想，以及埋頭製作東西、進行實驗的經驗吧。

另外，也有人被達文西的設計圖喚起了想像力，真的製作出了可以飛行的機械。影片網站上也有影片介紹到藉由人力在空中飛行的直升機。他們不就是我在前面提到的，從小就體驗到心流狀態，而且直到長大後仍未曾停歇過的人們嗎？而且，他們看起來相當享受其中的樂趣，說不定他們之中的某人會在未來成為偉大的發明家，或者是發現驚人的事實。

有些離題了，不過對於教育相關人士來說，想必每個人都想引導孩子們進入心流狀態吧。雖然我們都知道這一點，但遺憾的是受限於預算不足、應付考試、業務繁重等原因，只能一直增加填鴨式的授課。而填鴨式教育的結果，就是讓每個國家的學生即使經過學習，也沒有真正內化成自己的東西。

這些問題必須解決才行。早稻田大學本庄高等學院邀請了許多專家來演講，或者請他們實際參與教學，藉此直接給予實驗課程上的建議，或是讓教師們得以學習思考方式本身，實際體會所謂「現場的科學」。這麼一來，即使是原本對科學懵懵懂懂，不太有興趣的孩子，也會開始針對自己有興趣的部分，思考要如何找到答案。

體會到解開自然現象之謎的樂趣、思考的樂趣之後，這些經驗可以在各個領域中成為孩子們的力量。說起來簡單，做起來難。為了找出問題的解決方法，本書將試著提出新的授課方式，重新建構教學的Know-how。

閱讀本書時，不需從頭到尾鉅細靡遺地讀過一遍。請您選擇自己有興趣、關心的領域閱讀，試著實際進行實驗與觀察。另外，也請您盡情享受科學解謎的樂趣。解開謎題後，應該可以獲得相應的滿足感與充實感。

我認為，這或許能成為孩子們對科學產生興趣的契機。

2015年8月

作者代表

影森　徹

《比教科書有趣的14個科學實驗 I》目錄

實驗時的 注意事項

- ☐ 本書中所提到的實驗，主要是以高中生以上的學生為對象，並預設教師在旁監督所設計出來的。請一定要避免學生在教師無法監督到的地方獨自操作這些實驗。
- ☐ 若實驗中會用到火的話，操作時必須十分小心。
- ☐ 實驗前，請一定要至各MSDS（台灣使用的是SDS（Safety Data Sheet 安全資料表））確認書中列出之藥品的注意事項，致力防止事故發生。
- ☐ 實驗前，一定要確認實驗用的器具、藥品無異常才可使用。
- ☐ 實驗前，一定要仔細閱讀實驗步驟，並照著步驟進行實驗。
- ☐ 實驗時要盡可能避免露出皮膚。必要時最好戴上防護眼鏡與手套。
- ☐ 若實驗中會用到電的話，有發生觸電、灼傷等意外的可能，請小心進行實驗。
- ☐ 實驗的難易度愈高，危險程度就愈高。進行高危險的實驗前，請先進行預備實驗，徹底做好安全管理後再進行實驗。
- ☐ 萬一發生實驗意外的話，請先冷靜下來確認意外的內容、程度，再進行適當的緊急措施。
- ☐ 確認過以上內容後，亦須遵守實驗説明本文中提到的注意事項，在安全第一的原則下進行實驗。
- ☐ 參考本書進行實驗時，即使因意外造成損失、傷害，作者、出版社，以及其它相關者亦不承擔任何責任，請務必瞭解。

Experiment 實驗 No.01

用微波爐製作寶石 !?
合成紅寶石

Synthetic ruby

難易度 ★★☆☆☆

對應的教學大綱 化學基礎／物質與化學鍵結

化學／無機物質的性質與利用

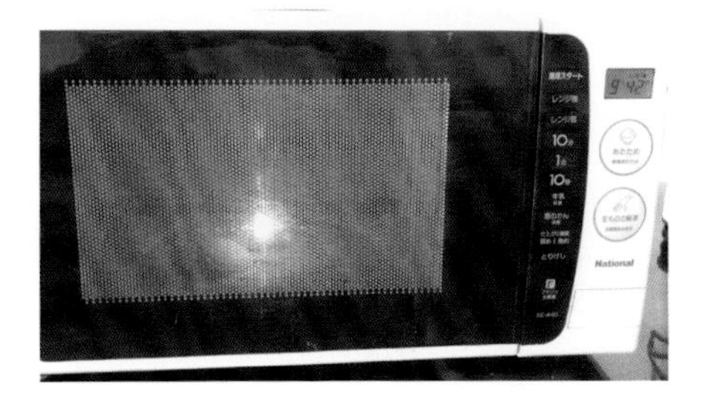

一般人常有寶石是天然產物的印象，不過近年來，愈來愈多人工合成的寶石應用於珠寶飾品、工業製品。讓我們試著用每個家庭都有的微波爐來合成人工紅寶石吧！

藉由自行製作平常被當成「寶石」的紅寶石，幫助學生從化學的角度重新看待身邊的各種物質。

這個實驗所說的寶石……不是我們常在實驗書籍中看到的硫酸銅或酒石酸鉀鈉等離子結晶，而是真正的寶石，紅寶石的合成。

就目前而言，比起天然的紅寶石，人工合成的紅寶石數量更多。除了可以當作寶石之外，還可以用於激發雷射光，在工業上有很廣泛的用途。紅寶石的合成方法相對簡單，而且只要用黑光燈照射就可以輕鬆判斷合成是否成功，成品若有發出粉紅色螢光就代表合成成功，若沒有螢光就代表失敗，相當適合當作教材……然而，紅寶石的原料「礬土」（氧化鋁的粉末：可以在大型居家用品店的陶藝用品區購得）卻以超強的耐熱能力著名，熔點高達2072℃！我們有辦法在實驗室或家裡重現這樣的高溫嗎？

這次的實驗中，我們會試著用每個家庭都有的微波爐，來製造出局部的超高溫環境，挑戰在不使用其它危險裝置的情況下合成出紅寶石。只需要一些巧思，就可以用身邊的材料合成出紅寶石。讓學生親身體會到紅寶石這種寶石，其實就是氧化鋁的結晶，有助於讓學生重新以化學的角度看待物質。

基本實驗

用微波爐 DIY！合成紅寶石

準備材料

氧化鋁：可在大型居家用品店的陶藝用品區購得。只要一袋就夠了。

氧化鉻：同樣可在陶藝用品區找到。這也只要一袋就夠了。

鋁箔紙：一般市面上販賣的鋁箔紙即可。

微波爐：一般的110V微波爐（便宜的基本款）即可。若擔心微波爐故障的話，可以使用新的微波爐以防萬一。實驗前請先將旋轉盤取下。

乳缽：可在大型居家用品店的實驗器材區購得，用普通的乳缽就可以了。

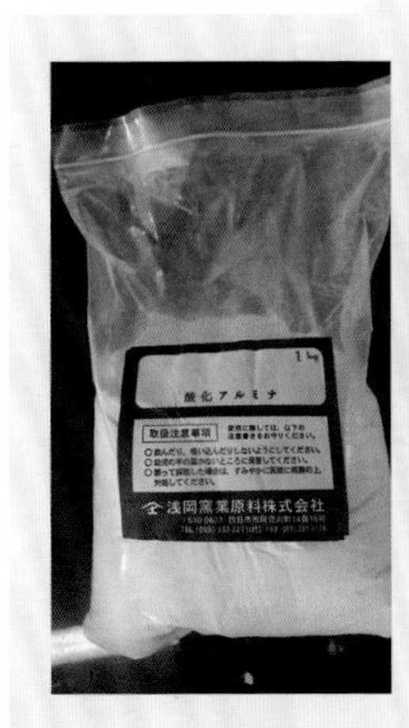

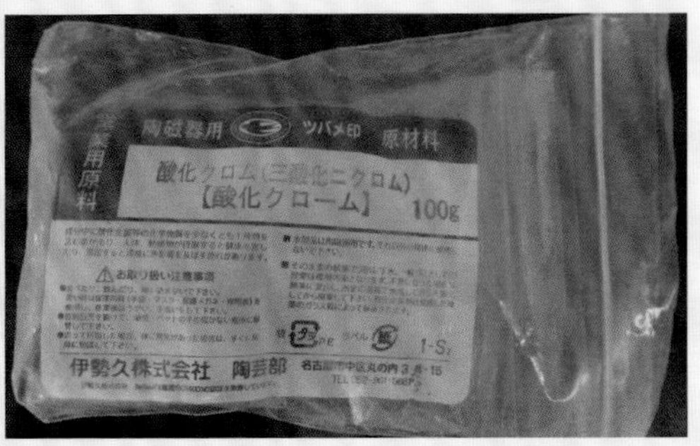

氧化鋁、氧化鉻。這兩種材料都只要一袋就夠了。

我們並非以正規方式使用微波爐，考慮到微波爐可能會因此故障，可準備一個專門做實驗用的微波爐。最好也能準備好滅火器以防萬一。

實驗步驟

1. 將氧化鋁和氧化鉻以100比1的比例放入乳缽混合在一起。如果希望成品是淡粉紅色的話，氧化鉻可以加少一點；如果希望是較鮮豔的紅色的話，則加多一點氧化鉻。

實驗步驟

2. 以裁成書籤狀的鋁箔包住原料，再捲成棒狀。

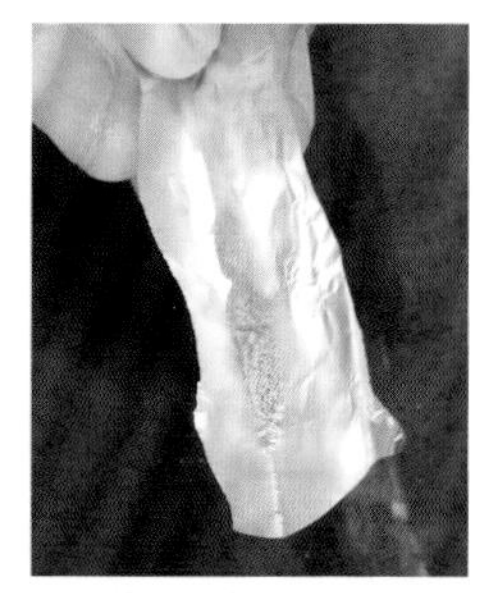

不要放進太多原料。原料太多的話就無法順利點燃，容易失敗。

3. 將上方算起3cm左右的部分捏直，下方的部分攤平使其能夠自行站立。

4. 以陶器碎片等不會吸收微波的重物壓住鋁箔攤平的部分，放置在微波爐內。放入鋁箔前請先將旋轉盤拿掉。將微波爐設定為最高輸出，時間為2、3分鐘。不同機種的微波爐，其微波集中的位置也各不相同，故可試著將鋁箔放置在各個不同的位置，反覆切換開關，尋找最容易讓鋁箔尖端放出火花的位置。

實驗步驟

5. 鋁箔在適當位置開始放出火花後，接著會出現「嘣——」的聲響，並在鋁箔尖端產生電漿，持續約10秒左右。電漿消失後，可將微波爐關掉，確認狀況。

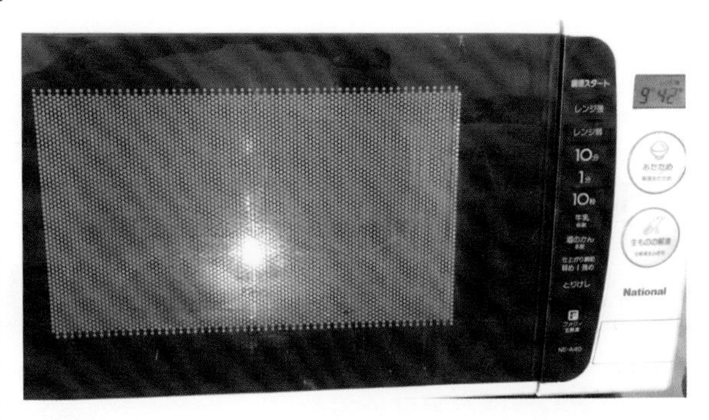

6. 待其充分冷卻後取出。只要看到1～數mm大小的粉紅色微粒就可以了。

鋁箔尖端可以看到合成出來的紅寶石。

7. 拿去黑光燈底下照，若可看到粉紅色的螢光就表示成功了。

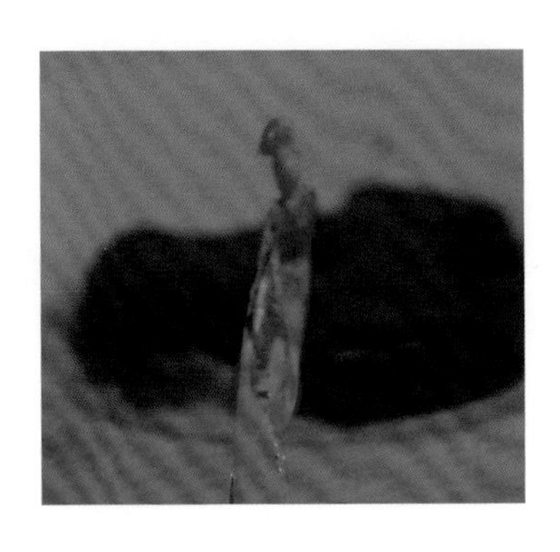

—＊. 若能夠順利連續振盪，甚至可以製成接近1cm大的結晶。

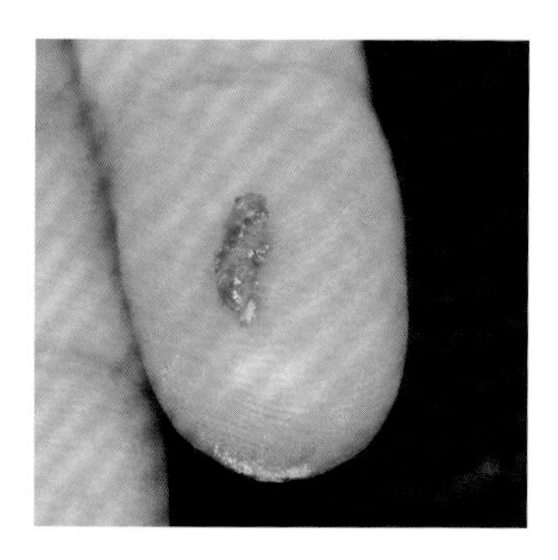

＊從化學的角度來看紅寶石

首先，讓我們來看看紅寶石的化學成分和簡單的物理性質吧。

紅寶石的主成分是氧化鋁（Al_2O_3），也就是鋁的氧化物。氧化鋁是非常常見的物質，經常可在我們的生活周遭發現它的身影。舉例來說，手機表面的陽極處理就會用到氧化鋁。而以氧化鋁為主成分的寶石包括紅寶石與藍寶石，寶石內的雜質決定了顏色上的差異。顏色的差異讓它們被當成不同的寶石，但它們在化學上其實是類似的東西。作為紅寶石特徵的粉紅色澤來自鉻離子。製作紅寶石時添加微量的鉻，可以讓它呈現出美麗的粉紅色。另一方面，藍寶石內的微量鐵和鈦則是它呈現藍色的原因。

紅寶石主成分的氧化鋁在化學上非常穩定。氧化鋁的原子間是以共價鍵結合而成，是化學鍵結中結合能力最強的鍵結。因此對酸和鹼的耐受能力很強，也不會被有機溶劑溶解。氧化鋁的熔點高達2072℃，故不會輕易熔化。另外，紅寶石的莫氏硬度為9，硬度僅次於鑽石。紅寶石的各種特性，可説是來自共價鍵這種強力的化學鍵結。

理論上，只要將氧化鋁熔化，再混入鉻之後，就可以製作出紅寶石。但包括噴槍在內，我們周遭的各種加熱器材，都無法達到2000℃以上的超高溫。

紅寶石的合成方法大致上可以分成由溶液再結晶的方法，以及用超高溫度熔化原料後結晶等兩種。以下將會簡單介紹各種合成方法，以及各自的特徵。

＊助熔法

助熔法會使用氟化物或金屬氧化物等低熔點的物質作為助熔劑，以幫助氧化鋁熔解。熔解狀態下的氟化物活性非常高，可使氧化鋁熔於其中。隨著溫度的改變，氧化鋁的可熔解量也會有所不同，故如果先以助熔劑熔解氧化鋁，再慢慢降低溫度，就可以使氧化鋁再結晶析出，藉此合成出紅寶石。或者也可以用助熔劑熔解氧化鋁後，再將助熔劑蒸發，這麼一來氧化鋁就會因為無法維持熔解狀態而析出。

一般會用緩慢降低溫度的方法來合成紅寶石。這種紅寶石是以再結晶方式合成出來的，故可得到透明度高、可用作雷射裝置的高品質結晶。

＊水熱法

助熔法會使用氟化物之類的助熔劑，而水熱法則是用水幫助其熔化。首先，將水倒入以堅固材料製成的容器加熱。水在一大氣壓下會從100℃開始沸騰，不過在密閉空間中，壓力則會持續上升。當溫度來到374℃時，水就會發生相變，轉變成超臨界水這種活性非常大的狀態。此時，容器內為壓力超過200大氣壓的高壓狀態。超臨界水與一般的水不同，有非常強的溶解力，連氧化鋁都有辦法溶解。將溶有氧化鋁的超臨界水逐漸冷卻，拉出溫度梯度，便可析出紅寶石。

水熱法可以得到品質非常高的結晶，故也可以製作出雷射裝置等級的結晶。

＊拉晶法（柴可拉斯基法）

拉晶法是用來製作大型結晶的方法。是以小型單晶為種晶，藉由表面張力，由融解狀態下的原料拉出大型結晶的方法。由於可以製成超高品質的大型結晶，故除了製作寶石之外，也是製作半導體時不可或缺的方法。

＊火焰法（維爾納葉法）

火焰法是將氧化鋁的原料粉加熱至熔點，使之熔化再凝固的方法。氧化鋁的熔點為2072℃，我們可以使用以氫、氧作為燃料的噴槍加熱使其熔化。一般來說會從上方投下原料粉，使其在空中熔化，並維持在熔化的狀態落到結晶上，再慢慢累積成較大的結晶。理論上來說，只要加熱時不混到其它雜質，就算不用噴槍應該也合成得出紅寶石。

這次實驗中，我們就是用電力所產生的電漿來實現這種方法。雖然結晶化的時間很短，只能得到透明度較低的缺陷結晶，不過仍可發出一定程度的螢光，故也是可用作裝飾，美麗又堅硬的紅寶石。

＊以微波爐創造超高溫環境的方法

如前面的說明所述，若想合成出紅寶石，只要將作為原料的氧化鋁熔化掉就可以了。但要熔化氧化鋁，需要超過熔點2072℃的高溫，這正是合成紅寶石的瓶頸。以火焰法進行合成，一般會使用氫、氧火焰，但實驗室內很難重現出這樣的環境。

因此，我們改用微波爐的微波加熱，試著挑戰這個溫度。不只是單純以微波照射，而是藉由微波產生電漿，再由電漿的高溫進行加熱。電漿的溫度非常高，甚至可達到數萬℃。在這麼高的溫度下，即使是高熔點的氧化鋁也能輕易熔化。

用110V的一般微波爐就可以滿足我們的要求了。現在一台微波爐只要數千元就可以買到，考慮到有可能會故障等問題，用新的微波爐比較不用擔心。不過有一點請您千萬不要忘記，那就是在實驗之前請把旋轉盤取出。以微波爐加熱時，旋轉盤可以讓放在上面的物體旋轉，大多是以玻璃和陶器製成。然而熔化的氧化鋁滴落時，旋轉盤可能會因劇烈的溫度變化而龜裂，產生危險。最好能預先將旋轉盤取下，並以防火墊之類取代，較能安心進行實驗。防火墊可使用莫來石製成的墊子，在陶藝用品店可能就找得到。

＊實驗時須注意的重點

若想得到粉紅色的紅寶石，需要在氧化鋁內混入可當作螢光成分的氧化鉻。這兩種原料皆可在陶藝用品店找到，相當容易取得。而在混合比例上，氧化鋁和氧化鉻約取100比1就可以了。若希望粉紅色淡一些，氧化鉻的量就取少一點；若希望顏色深一些，氧化鉻就加多一點。

接著，實驗上需要一個可以接收微波，並產生電漿的天線。要能捕捉微波爐的微波，天線的材料又要有一定的導電性，滿足這些條件、最恰當的材料就是鋁箔。鋁箔的成分自然是鋁，不過以電漿加熱後，鋁箔就會在空氣中燃燒。鋁箔在燃燒後會變成氧化鋁，與紅寶石的原料粉相同，不會成為成品內的雜質。幸運的是，一般市面上販售的鋁箔內含的雜質非常少，幾乎可視為純鋁，是非常理想的材料。

微波爐的微波頻率為2.45GHz，波長為12.2cm。若想得到可以產生電漿的強力電場，必須讓天線的長度為1/4波長的倍數，此時的效率最高。故我們將鋁箔折成3cm的長度，用來當作天線。

以裁成書籤狀的鋁箔包住作為原料的氧化鋁、氧化鉻混合物，捲成棒狀，再將上方算起3cm左右的部分捏直，將下方折彎當作GND（基底），攤平使其能夠自行站立，作為與微波爐接觸的部分。接著只要用一小塊陶片之類不會吸收微波的東西，將鋁箔固定於微波爐內的適當位置，這樣就設置好天線了。

再來，就把微波爐以最大輸出功率加熱吧。如果天線的功能正常，那麼天線末端的電場強度會最大，進而自發性地破壞其絕緣性質，開始放電。這種放電稱為弧形放電，會產生大量的熱，並生成電漿。由照片中也可以看出，橘色部分就是加熱後所產生的電漿。

然而，微波爐內部的微波強度分布不均。有些地方可以產生非常強的電場，有些地方則因為電場過弱而完全無法產生放電現象。找出容易產生放電現象的位置是一大難題，請試著將天線放在微波爐的各個位置，每個位置觀察10秒鐘左右（觀察是否能產生火花），尋找最適合的位置。

開始放電後，約可產生10秒左右的電漿。在這之後，天線（鋁箔＋原料粉）就會變成小球狀，並停止放電。放電停止後，請待其充分冷卻之後

再取出。若能合成出1～數mm大小的粉紅色小球，就表示成功了。用紫外線照射時，應該可以發出很強的螢光。

用微波爐所產生的電漿甚至可能達到數萬℃，這個溫度可以融解所有高熔點化合物。本次實驗的目的是合成紅寶石，不過若將氧化鉻以氧化鈦和氧化鐵取代，應該可以合成出藍寶石才對。請您一定要試試看各種配方，合成出不同的寶石。

教育重點

＊寶石也是化合物的一種

對大多數人來說，紅寶石就是一種石頭。石頭是一種概念，不代表紅寶石的成分，但想必也不會有太多人想知道紅寶石是由哪些材料組成。就我們身邊的東西來說，很多人知道鉛筆筆芯和鑽石是同素異形體，但就算知道這兩種東西是由同一種元素組成，應該也很難真正明白所謂的「由同一種元素組成」是什麼意思。

這個實驗的重點，就在於讓一般人重新認識「紅寶石這種看似特殊的寶石，其實也是化合物的一種」。首先，鋁在被燃燒之後的灰燼是氧化鋁粉末，由它是燃燒後的灰燼可以明白到，氧化鋁是一種耐熱程度相當高的物質。所以藉由這個實驗，可以讓學生知道氧化鋁能用來當作耐熱材料。

接著，由這種耐熱材料所製成的化合物，在超過2000℃的超高溫環境下會熔化，融合成一塊。如果再加入雜質鉻的話，就可以變成紅寶石。本實驗可以讓人親眼看到這件事的發生。

其中，這個實驗比較費工夫的地方，就是每個微波爐微波集中的位置都不同。要尋找反應良好的位置是件很麻煩的事，有些機種的微波集中位置甚至在比較高的地方，這種時候只要用耐熱磚塊或防火墊墊高鋁箔，使鋁箔內的材料立在微波集中處就可以了。

*寶石的定義

雖然只是補充說明，不過讓我們重新看一遍寶石的定義吧。

所謂的寶石，指的是對人類而言價值很高的某些礦物。這些礦物中較漂亮且硬度較高者，較受人喜愛，而常被用於寶物的裝飾，故被稱作「寶石」。雖然寶石也包括了某些珊瑚、蛋白石、琥珀等硬度較低的礦物，不過大家熟知的鑽石、紅寶石、藍寶石、亞歷山大石、紫水晶，以及合成的二氧化鋯石，皆以其高硬度著名。

硬度在過去曾是鑑定寶石真偽的依據，其標準來自於「莫氏硬度」。莫氏硬度是由石頭間互相刻劃，觀察哪一種石頭會劃出刻痕，藉此鑑定石頭硬度的一種硬度尺度。鑽石的莫氏硬度為最高的10，而與水晶同等硬度、硬度超過7的石頭就會被視為寶石，受到許多人的喜愛。

螢石之類的礦石莫氏硬度為4，故砂紙或美工刀可對螢石造成損傷。如果知道砂紙上的顆粒是由莫氏硬度為8的石榴石製成的話，或許更能體會到「堅硬」的物質也有優劣之分吧。

世上最美麗的透明骨骼標本

Transparent skeletal specimen

難易度 ★★☆☆☆

對應的教學大綱
- 化學基礎／物質的變化
- 生物基礎／生物與基因
- 生物／生物的進化與系統

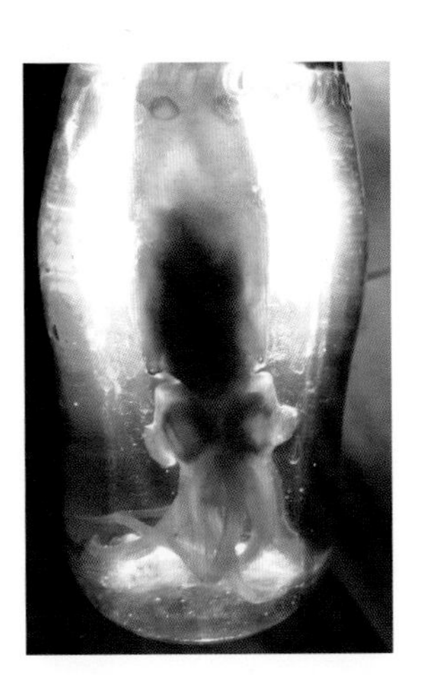

動物的透明標本相當美麗，總給人製作難度很高的印象，但其實製作起來並沒有想像中那麼困難。本節將介紹如何用容易取得的藥品，製作透明骨骼標本。

透過製作漂亮的透明骨骼標本，瞭解生物的身體結構，親眼看到骨骼、肌肉等內部構造。

閱讀本書的讀者中，想必有不少人曾經看過全身透明，只有骨頭被染成紅色的不可思議標本吧。這些透明骨骼標本一般被稱為「透明標本」，其肌肉被轉換成「甘油肌」，使組織能在保持一定連接強度的狀態下透明化。並會用特殊試劑選擇性地為骨頭染色，軟骨被染成藍色，硬骨則被染成紅色，形成了有些神祕，卻又讓人覺得相當美麗的標本。

一般的透明骨骼標本，是由1991年發表的論文〈利用改良雙重染色法製作魚類透明骨骼標本〉（河村功一、細谷和海，Bull. Natl. Res. Inst. Aquaculture，No.20，11-18，1991）所提到的製作方法製成。在這篇論文的介紹與推廣下，這種方法逐漸被廣泛使用。不過實際上在這篇論文發表以前，博物館等機構就會使用這種方法製作標本，故這其實不是什麼新技術。

當我們第一眼看到這種透明骨骼標本時，或許會覺得自己應該做不出這種東西。但事實上，只要準備好相關藥品，就不是什麼困難的事了。而且隨著選擇的藥品不同，甚至可以用更簡單、更方便的方式完成標本。

這次要介紹的是如何盡可能不使用昂貴的藥劑，製作出足夠精緻的透明骨骼標本。

基本實驗

用排水溝清潔液製作標本

準備材料

做成標本的生物：青鱂魚、西太公魚、小鰺魚、孔雀魚等。不同大小的魚，製成標本需要的時間會有很大的不同（參考後面的說明）。本書是以日本超市有售的小鰺魚為例。

密閉容器：浸泡標本時使用。有蓋子的瓶子就可以了。

福馬林：實驗室用的福馬林即可。

酒精：燃料用酒精即可。

氫氧化鈉、氫氧化鉀：建議使用成分欄上標有「1%氫氧化鈉」的排水溝清潔液。

茜素紅S：並非常見藥劑，卻也不是劇毒物質，故相當容易入手。建議可訂購取得。

甘油

壁櫥用除濕劑

托盤、美工刀、鑷子、手套

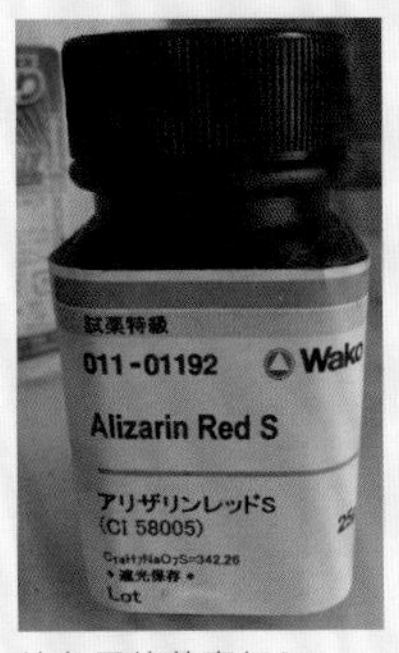

染色用的茜素紅S。

取用藥品時請戴上手套，避免沾到手。
另外，請在通風處進行實驗。

實驗步驟

1. 以福馬林固定標本。金魚大小的標本需三天，小鰺魚最多也只要一個月就可以完成。取出後先暫放於酒精內（透過手套觸摸時可感覺到稍微硬硬的，這樣就可以了）。

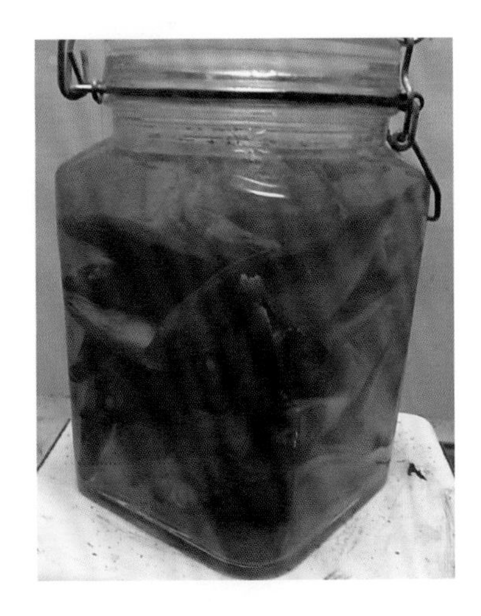

memo　這裡的酒精可以使用燃料等級的酒精。

實驗步驟

2. 將標本放在托盤上，戴著手套小心用美工刀和鑷子等工具剝下皮。此時必須注意不要傷到骨頭。

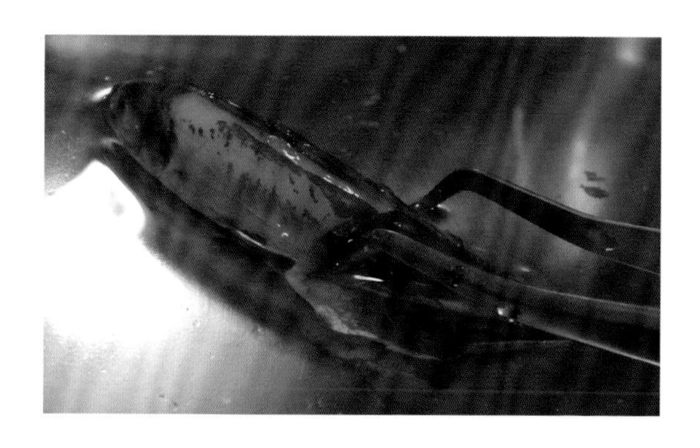

3. 將皮剝到這個程度後，以1～2%左右的氫氧化鈉水溶液浸泡一到兩週。

4. 待標本變得稍微有些透明之後，在步驟3的浸泡液內加入茜素紅S，加到溶液呈現紫色，快要看不到魚的程度。分量大約是每300ml的溶液加入1、2藥匙（10～30mg）的茜素紅S。

實驗步驟

5. 全部染色完成（青鱗魚大小約需一個晚上，小鰺魚大小則約需三天）後取出，再用1～2%左右的氫氧化鈉水溶液浸泡一到兩週，以排出多餘的色素。每隔三天換一次浸泡液。

6. 將氫氧化鈉水溶液與甘油以體積為8比2的比例（體積目測即可）製成新的浸泡液，幫助標本透明化，並加速其排出剩餘色素。每週換三、四次浸泡液。每換一次浸泡液時，需要提高甘油的濃度（濃度抓一個大概就好）。

7. 最後將標本浸泡於100%的甘油內就完成了（照片內的小鰺魚約放置了三到四個月）。

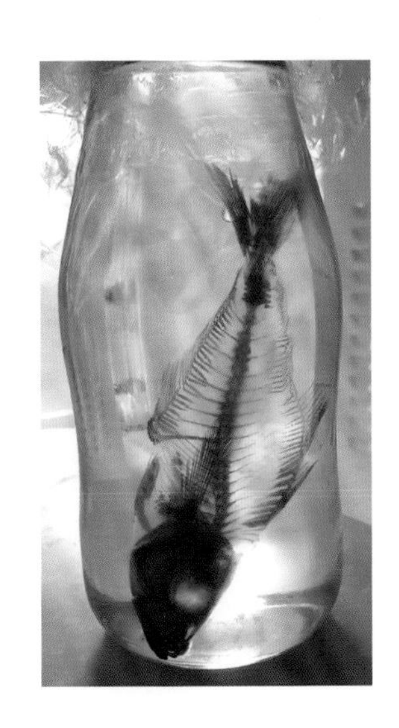

＊最重要的步驟就是泡福馬林

用福馬林固定標本的話，不管是什麼標本都能夠變透明……但如果標本的肉愈多，就需要愈多時間才能完成這個步驟。青鱂魚之類的小魚只要一個月左右就可完成，西太公魚需要兩個月，10cm大小的小鰺魚則最少要花三個月。如果是一隻老鼠那麼大的東西，就需要花上一到三年的時間才行。只要能確實做好這個步驟，就能得到透明化的標本。

然而，最初的福馬林固定步驟會大幅影響標本的完成度，所以更應該要小心進行。

福馬林可以讓組織纖維化。浸泡的時間愈長，纖維就愈堅固。在使用福馬林強化肌肉組織之後，我們要讓肌肉內的肌動凝蛋白（actomyosin）逐漸溶出。肌肉組成成分中的肌動蛋白（actin）和肌凝蛋白（myosin）在動物死後會結合成肌動凝蛋白。肌凝蛋白原本為無色，肌動蛋白則會隨著肌肉部位的不同而有不同的顏色。由於肌動蛋白的顏色會妨礙到肌肉的透明化，故必須將其去除。製作透明骨骼標本時，會以胰蛋白酶（trypsin）或強鹼適度地分解肌動凝蛋白，鬆開組織間的結合，將肌肉內的水溶性色素溶出。

因此，如果將標本長時間保存在高濃度的福馬林裡面的話，甲醛會滲透至標本內，使標本的組織過於堅固，而無法透明化得很乾淨。用福馬林固定金魚大小的動物時，需在三天內拿出，固定小鰺魚也要在一個月內取出，改置於酒精（燃料用酒精即可）內，才比較不會有前述的問題。

以福馬林將標本固定完畢後，即完成了透明化的準備，接著就可以將表皮剝除。請將標本放在托盤之類的東西上，在通風良好的場所操作。操作時請帶上手套，以美工刀及鑷子小心地剝除表皮。

其中，在處理只有肉的部位時，可以用美工刀將多餘的肉切除下來，這麼做可提升透明化的效率。雖然這樣會造成一些缺陷，但由於成品中肉的部分為透明無色，故不需要過於在意。最重要的是不要傷到骨頭。

＊鬆開肌肉的結合

一般的透明化標本接著會進行軟骨染色，不過這個步驟很容易失敗，所以這次暫且跳過，直接進入鬆開肌肉結合的步驟。

一般在這個步驟中會用到胰蛋白酶，不過胰蛋白酶1g要價3,000日圓以上，處理時還需要恆溫裝置，準備起來相當麻煩。故我們改用較常見的強鹼——氫氧化鈉或氫氧化鉀來做這個步驟。如我們前面所提到的，排水溝清潔液大多是由1%的氫氧化鈉水溶液與界面活性劑所組成。這種界面活性劑有很好的滲透性，故相當適合用來當作一開始的浸泡用溶液。

製作浸泡液時，調整氫氧化鈉的濃度使其變成1～2%，再將標本浸泡於內。經過一到兩週，標本稍微透明化之後，就可以進入下一個步驟。

＊進行染色

這次介紹的標本主要是硬骨染色，故接下來可在浸泡液內直接加入茜素紅S。茜素紅S是這次所使用的藥劑中，唯一的非常用藥劑，不過因為它也不是劇毒物質，故取得難度並不會比福馬林、氫氧化鈉還要高。和學校實驗中所用到的藥劑相比，茜素紅S也不算是昂貴的藥劑，故可直接和藥商訂購。

將茜素紅S加進正在進行透明化的保存液時，只要加入快看不到溶液內的魚的分量就可以了。也就是大概每300ml的溶液加入1～2藥匙（10～30mg）左右的茜素紅S，就可以將標本充分染色。

做到這個步驟時，看到整條魚都被染成深紫色的樣子，可能會讓您有點擔心是不是做錯了，不過請放心。小鰺魚大小的標本也只要三天左右就可以完全染色，青鱂魚大小的標本則經過一個晚上的染色後即可取出，接著再浸泡於1～2%的氫氧化鈉水溶液內，去除多餘的色素，就可以得到漂亮的染色結果了。

作為補充說明用的實驗，若要確認茜素紅S因鈣離子呈色的過程，可如下一頁的照片所示，用壁櫥除濕劑實際演示給學生看。

市面上販賣的除濕劑。成分為氯化鈣。

左邊為茜素紅S與氯化鈣的水溶液，右邊為茜素紅S的水溶液。

＊透明化

將標本改浸在氫氧化鈉水溶液時，多餘的色素會陸續滲出。這是整個標本製作過程中最麻煩的步驟，每過三天就要將整個溶液換過一次。如果過了一週以上才換新的溶液的話，就很難把多餘的色素洗出來。

接下來要在洗去多餘色素的過程中，同時進行透明化。將氫氧化鈉水溶液與甘油以體積8比2的比例混合（體積目測即可），製作成浸泡液，每週更換三、四次，這樣就可以去除大部分的多餘色素。每換一次浸泡液，就要提升甘油的濃度。

另外，如果在氫氧化鈉水溶液中加入5%左右的酒精（燃料用酒精即可），可提升透明化的速度。但這麼做會降低標本的強度，可能會使標本溶解，故若要加入酒精，必須仔細觀察標本的變化，調整酒精的比例。若能將浸泡液維持在適當比例，即可提升透明化的效率。

＊完成，烏賊也能透明化!?

接著只要靜置即可，隨著時間的經過，標本也會漸趨完整。如果要在暑假時完成一個標本，西太公魚大小的標本就是極限了吧。

或許有人會想把骨頭染成別的顏色，故也在此一併說明其它染料（參考右頁照片）。

我們還可以使用茜素紅S的親戚，紫紅素（Purpurin）這種蒽醌類色素。與茜素紅S相同，紫紅素也可以與鈣離子反應，呈現出正紅色，故可

用作本實驗的染色劑。不過，和茜素紅S相比，紫紅素對肌肉的呈色能力較強，因此紫紅素的濃度應低於茜素紅，使其以較慢的速度染色。

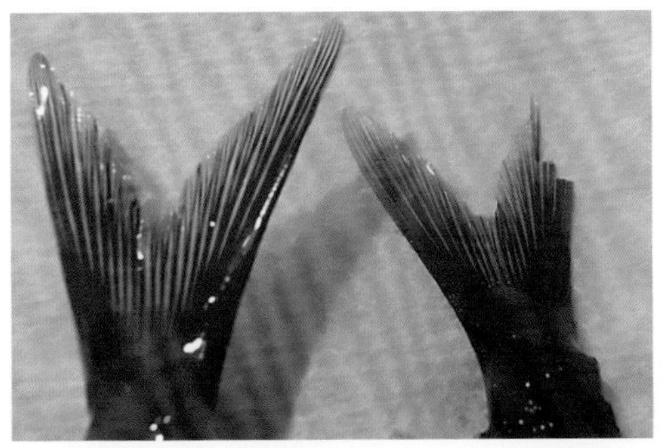

左為茜素紅S染色，右為紫紅素染色。

另外，沒有骨頭的烏賊也能做成透明標本。烏賊無法以茜素紅S染色，故必須用其它藥品染色……但目前還沒找到穩定性高的染色劑。我們曾試過用酞菁（Phthalocyanine）來取代阿爾辛藍（Alcian blue）來染色，但效果不是很好。

若只是想要將烏賊標本透明化，只要將少量酒精（燃料用酒精即可）混入氫氧化鈉水溶液，製成浸泡液即可。

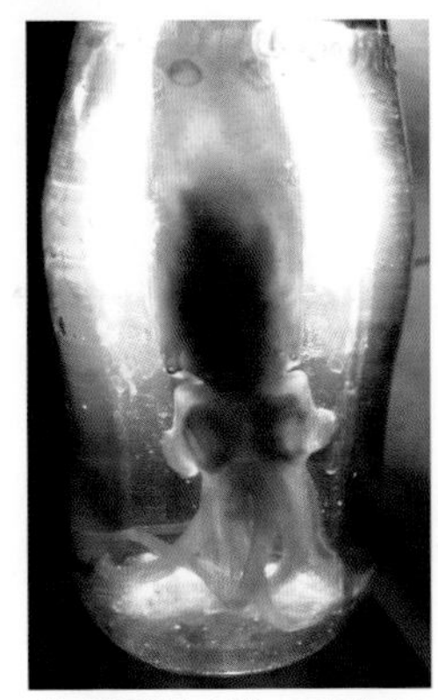

變成透明的烏賊，不知為何有種神祕感!?

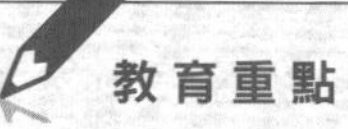

＊透明骨骼標本內發生的事

好美！好漂亮！好厲害！如果只顧著讚嘆標本的話，學生還是學不到東西。所以這裡讓我們將製作透明骨骼標本時發生的化學反應整理一下吧。

首先是標本透明化時，肌肉發生了什麼事。在這個過程中，肌肉的色素會被去除，水分則會被置換成甘油，使其變得透明。而在透明化之前，必須先以福馬林固定。

如各位所知，福馬林與酒精都是常用的標本浸泡保存液。福馬林內的甲醛可與蛋白質表面的氫原子鍵結，而與蛋白質鍵結的甲醛分子則可再彼此互相鍵結，形成相當堅固的結構。這會形成架橋結構，也就是所謂的纖維化。組織的纖維化，可以讓標本在透明化之後仍能維持其強度。

而即使組織變堅固了，組織內仍含有一定的水分，這會使折射率變差，導致光無法通過。因此我們需要將水置換成容易透光的甘油，然而若直接將肌肉的浸泡液從福馬林換成甘油，需要花費很長的一段時間才能置換完成。

因此，我們可以用消化酵素或強鹼適度地分解組織，鬆開肌肉分子之間的鍵結。製作標本時通常會將標本浸泡在胰蛋白酶之類的消化酵素內加熱，切斷肌肉內的部分蛋白質鍵結，使組織內的水較容易與甘油交換。不過，我們這次使用的不是胰蛋白酶這種高價的藥劑，而是用非常便宜的「氫氧化鈉（或氫氧化鉀）」使標本透明化。這種方法的優點在於可以和染色過程同時進行，而且比學術書籍或網路上找得到的常用方法還要便宜、簡單許多，又同樣能製作出美麗的標本。即使是超過10cm的大魚，也能夠充分透明化。

硬骨可以用茜素紅S染色。茜素紅S可與鈣離子反應，呈現出紫紅色，故可用於硬骨的染色。

軟骨通常會用名為阿爾辛藍的藥劑染色，阿爾辛藍可與軟骨素

（Chondroitin）的硫酸根專一性結合呈色，故可以用不同顏色區分出硬骨與軟骨組織。然而魚的軟骨部位較少，故阿爾辛藍的染色經常會失敗，對初學者來說難度過高。因此這次實驗刻意省略了軟骨染色的步驟，以簡化實驗過程。

參考文獻：
＊利用改良雙重染色法製作魚類透明骨骼標本（1991，河村、細谷，Bull. Natl. Res. Inst. Aquaculture，No.20，11-18）
＊水圈資源生物學研究室「改良雙重染色法」
＊東京海洋大學　水產資料館網站（http://www.s.kaiyodai.ac.jp/museum/public_html/mainpage.html）
＊Scale: a chemical approach for fluorescence imaging and reconstruction of transparent mouse brain(2011 9, Nature Neuroscience)

Experiment 實驗 No. 03

隱藏在日常中的科學智慧
四路開關的研究

Four-way switch

難易度 ★★★☆☆

對應的教學大綱 物理／電力與磁力

物理／電路

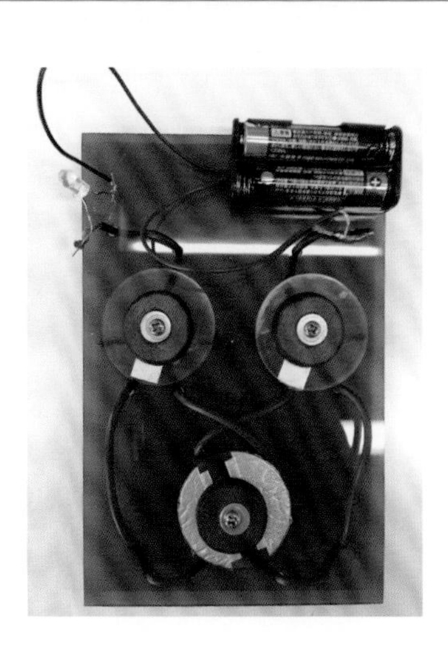

我們的周遭充滿了科學的力量。這些科學的力量就散落在「從這裡開燈，在那裡關燈」之類的日常生活中。這次就讓我們來看看這種看似稀鬆平常的事情，包含了哪些科學的力量。

藉由試著實際製作我們生活周遭的電路，瞭解其結構，作為認識電路奧妙的契機。

雖然我們可能在不知不覺中忽略了，但事實上我們的生活建立在許多科學家的研究開發成果之上。樓梯的電燈開關就是一個例子。在一樓按下開關開燈之後，可以在爬上二樓後用二樓的開關關燈……這個動作看似理所當然，但其實在這之中隱藏了一個巧妙的電路，使我們可以在不同地方控制同一個燈的開關。

這種電路也同樣可應用在三層樓的建築物上。當然，這並不是使用數位方法控制開關，只要用類比的方式就可以製作出這種電路了。這種可以自由切換電燈開關的裝置，就是我們這次的主題「四路開關」。

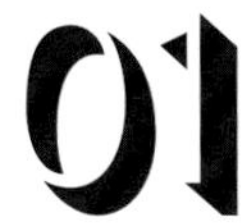

基本實驗

只要簡單的操作就可完成！四路開關

準備材料

LED：可在電子材料行買到，一個約5～10元。

三號電池 2個

三號電池座（2個電池用）：可以從生活百貨的玩具上拆下來。

聚乙烯電線 18cm×2條、11.5cm×2條、12cm×2條：多芯線。

螺栓 3個：直徑3mm、長15mm。

螺帽 3個：3mm。

墊圈 3mm用×6個、4mm用×3個

圓形保麗龍塊 3個：直徑2.4cm、厚5mm。

木板或塑膠板：10cm×15cm、厚2～3mm。只要有絕緣性就好，什麼材質都可以。

小圓片 3個：木製或塑膠製，直徑3.8cm、厚1mm，中間開好直徑3.5mm的洞。

導電鋁箔膠帶：可在生活百貨的廚房用品區找到。

鋁箔紙 2張：6cm×0.3cm。

壓接端子 2個：裝在11.5cm的聚乙烯電線上。

鑽孔器或鑽頭、尖嘴鉗或斜口鉗

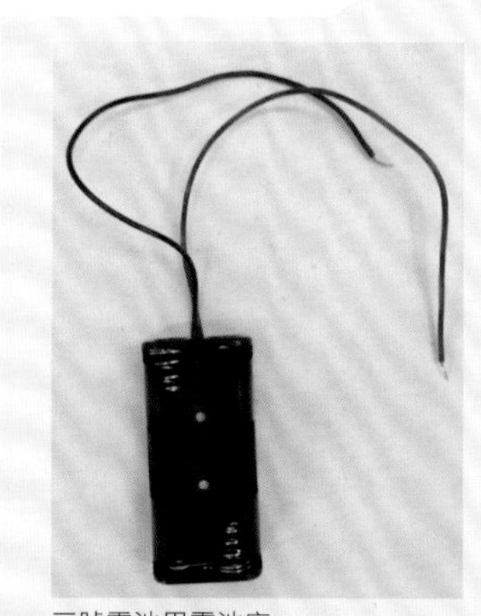
三號電池用電池座。

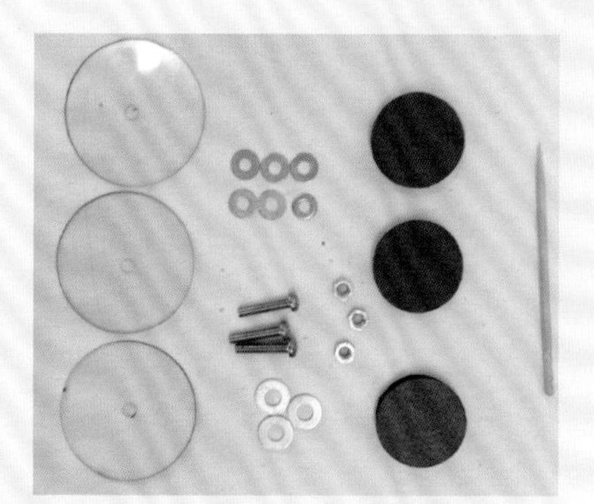
墊圈、螺栓等必要零件。

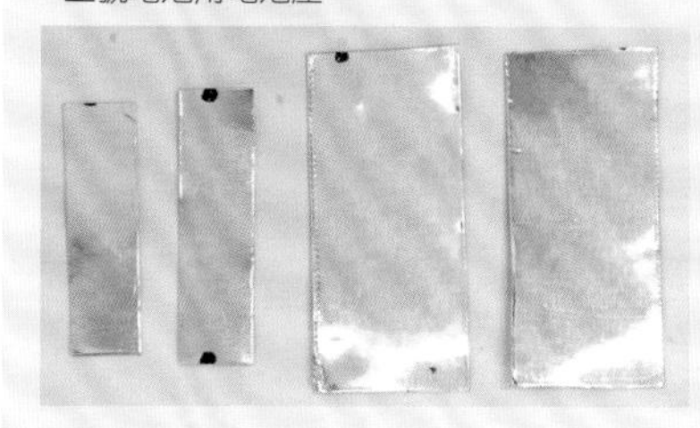
導電鋁箔膠帶。

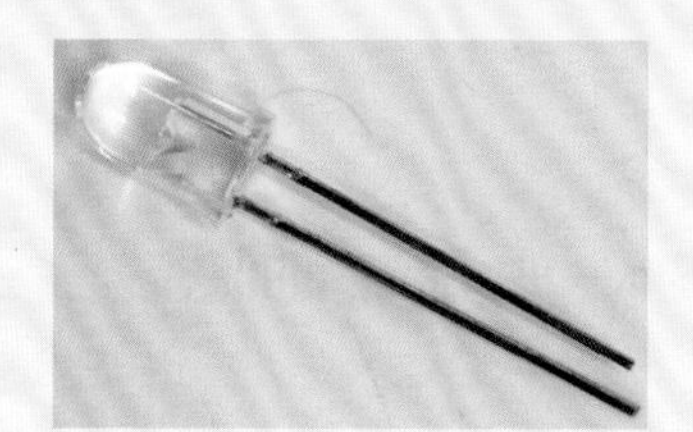
LED，可於電子材料行找到。

注意事項 手指注意不要被電線刺到。

實驗步驟

1. 完成品的照片。若不清楚配線、零件的配置等，可以參考右邊這張照片。

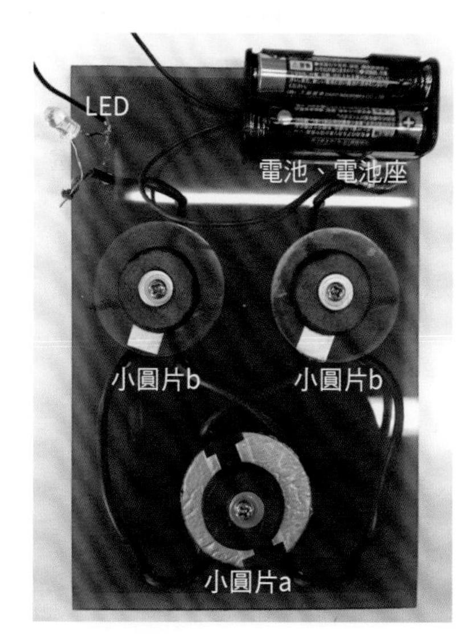

實驗步驟

2. 以鑽孔器或鑽頭在木板（或者是塑膠板）上鑽洞，讓電線通過，如右方照片所示（直徑3.5mm，共35個洞）。

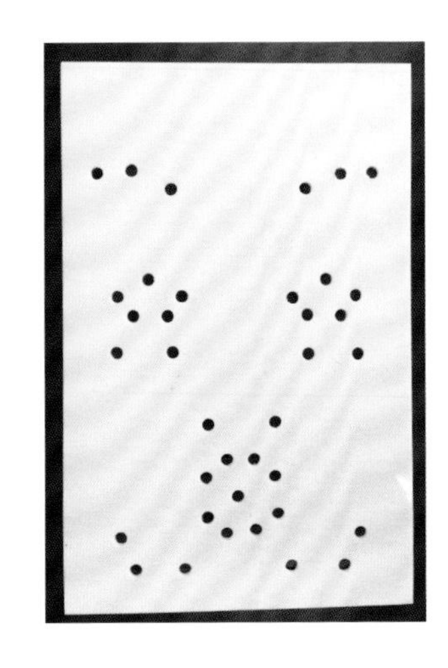

3. 將電線分別剪成18cm×2條、11.5cm×2條、12cm×2條，並剝下每條電線兩端2.5cm的聚乙烯外皮。在11.5cm電線的一端加上壓接端子。

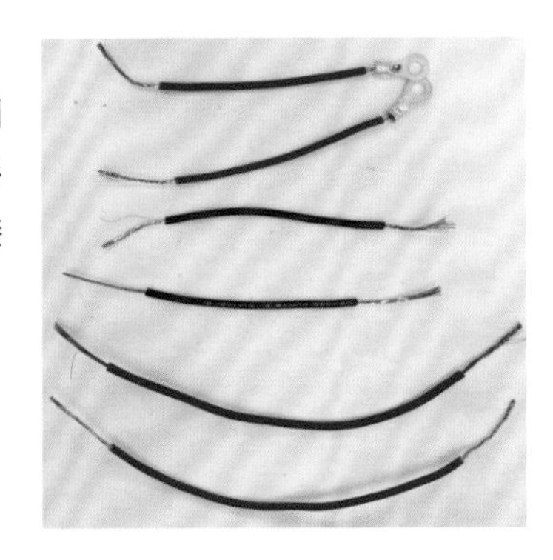

4. 將電線配置在步驟2的板子上，像是縫衣服般穿出再穿進板子。配線方式請參考右頁照片。

實驗步驟

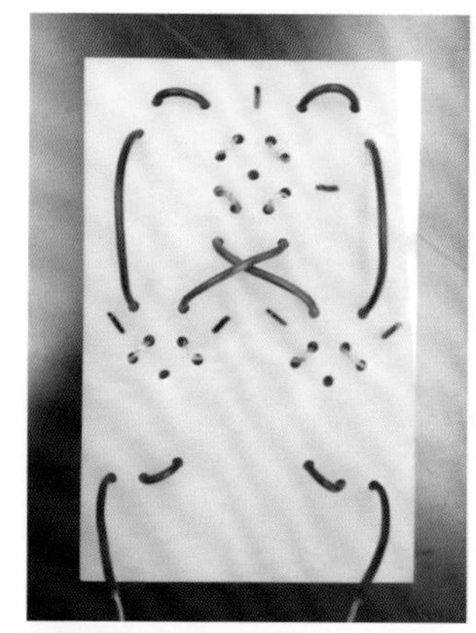
從外側看到的配線狀況。

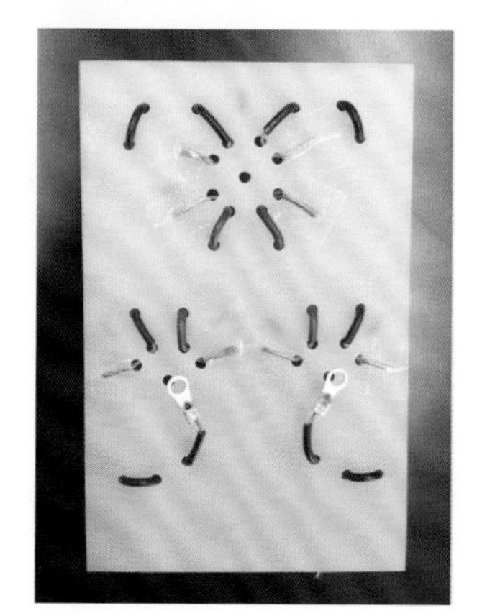
為了防止電線掉落，可以用透明膠帶將電線末端固定在板子上。

5. 如右圖所示，在小圓片a貼上兩張鋁箔膠帶。此時請留下一個空隙，不要讓這兩張膠帶靠在一起。

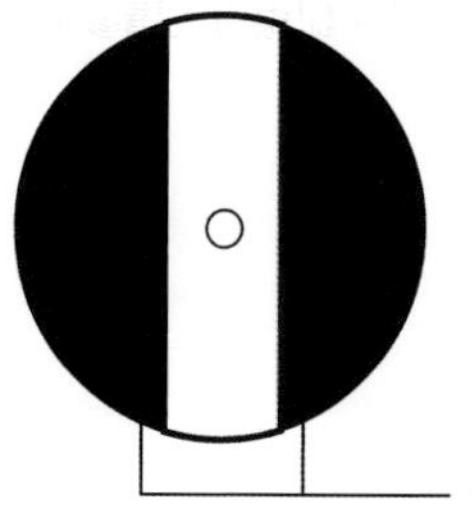

實驗步驟

6. 在小圓片a的中央開一個洞，以螺栓穿過這個洞，並以螺帽固定於步驟2的板子上（固定位置請參考步驟1的照片）。固定時需如右圖所示，將墊圈放在螺帽與板子之間。由於操作時需要旋轉這個小圓片，要注意不要鎖得太緊。

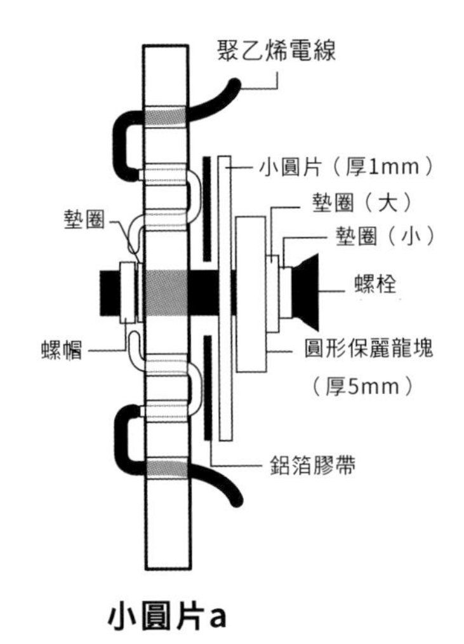

小圓片a

7. 如右圖所示，在兩個小圓片b上各貼一張鋁箔膠帶。

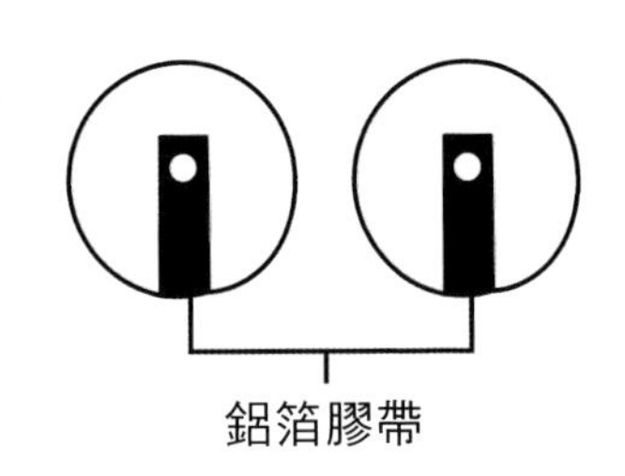

8. 在兩個小圓片b的中央開一個洞，用固定小圓片a時同樣的方法，將小圓片b固定在步驟2的板子中央（固定位置請參考步驟1的照片）。固定時，為確保鋁箔膠帶與螺栓之間的通路，可用鋁箔紙包住螺栓，確保電流暢通。

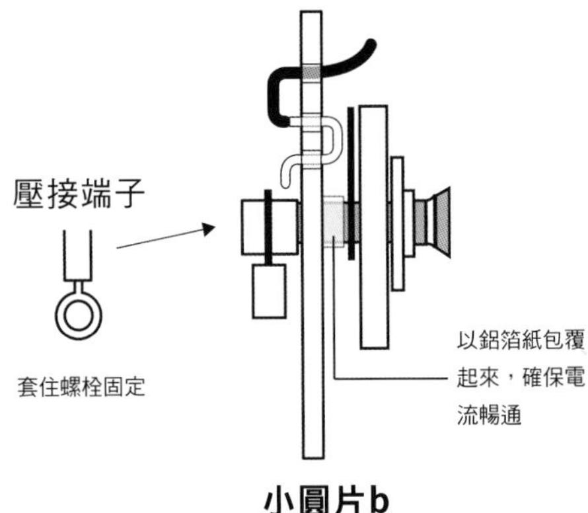

小圓片b

實驗步驟

9. 接著將小圓片b的螺栓穿過壓接端子，以墊圈夾住，調整位置使電流能夠通過。

10. 將電池座固定在板子上，將LED較長的腳連接到電池的正極（固定位置可參考步驟1的照片）。

11. 將電池座的開關打開，開始實驗！
如果LED應該要亮卻沒亮，通常是因為電線與金屬零件的接觸不良，請一個個檢查接觸點，確認電路沒有弄錯。

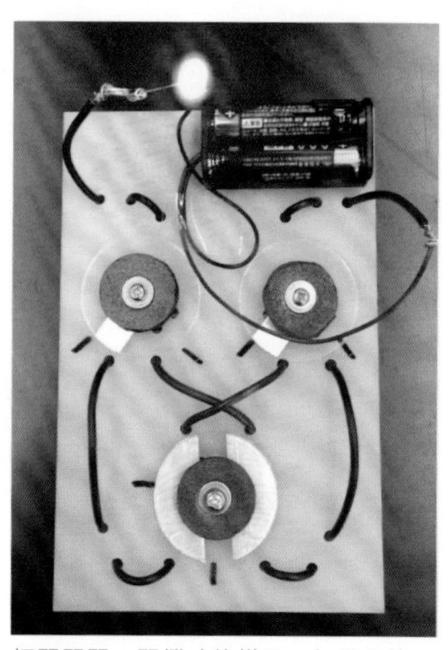

打開開關！開燈時的樣子。如果配線沒有問題的話，左上方的LED燈會亮起。

＊我們生活周遭的開關內部機制

要開、關樓梯的電燈或大會議室的照明燈時，不管是動哪裡的開關，都可以打開或關掉電燈對吧。這樣的電路到底是如何配置而成的呢？想必每個人都有思考過這件事。

這次我們就來試著思考如何配置電路，使其能在三個不同的位置控制電燈開關，並實際製作出這樣的電路以理解其結構。

請先看一下右邊照片內的開關。這是每個家庭內都有的普通開關。而一般的大型居家用品店、家電量販店都會販售這種形狀的開關。

不過，市面上還有許多外觀相同，但內部結構不同的產品，購買時須特別注意。我試著在Panasonic的網頁內搜尋這種開關的資料，找到了以下的規格書與電路圖。

商 品 仕 様 書

本仕様書適用品番・品名一覧表

品　　番	品　　　　名
WN5004	フルカラー埋込スイッチE(4路)(フル端子)
WN5004H	フルカラー埋込スイッチE(4路)(グレー)

1. 型　式

1−1	定　格	15 A　300 V　AC
1−2	適合法規	電気用品安全法(特定電気用品)
1−3	接触方式	銀合金—銀合金　突合せ接触
1−4	回路方式	4路
1−5	結線方式	ねじなし端子式(電線差し込み方式)

迴路方式中標有「4路」。

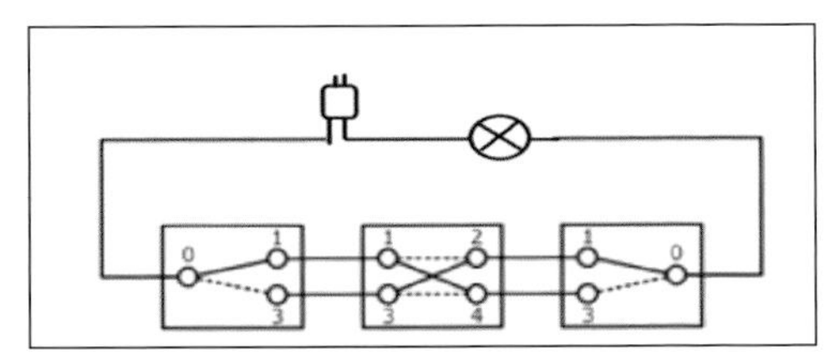

開關的迴路圖。請先把這個圖記下來。

讓我們稍微說明一下這個規格書吧。首先，這個開關有四個端子。將開關壓向其中一邊時，端子1會與端子2連接，同時端子3會與端子4連接。而將開關壓向另一邊時，1會與4連接，同時2會與3連接。這種由四個端子來控制電流方向的開關，就叫做「四路開關」。

光看文字說明可能會覺得有些複雜，事實上，這個四路開關只要再和另一種開關組合在一起，就可以製作出階梯等地方所使用的迴路。其電路模式如下圖所示。

樓梯內的開關一直都有接上電源。若要點亮電燈，則必須讓從電源流出的電流，再度回到電源才行。請從圖中的電源開始，沿著實線觀察電流會如何流動。想必可以看出，此時的電燈處於熄滅狀態。

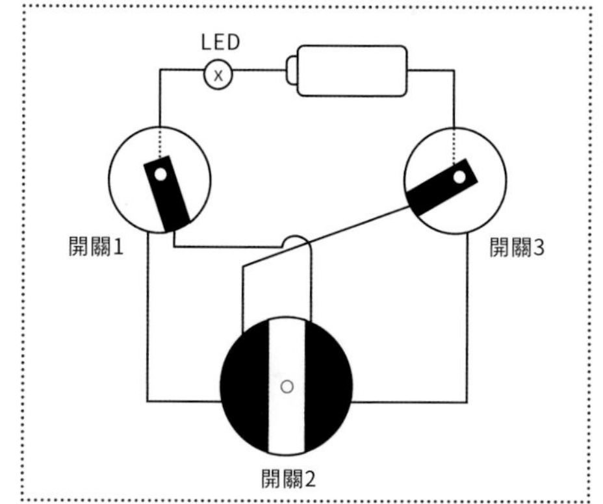

接著請各位在腦中想像，將其中一個開關扳向另一邊。此時，從電池流出的電流，就有辦法再度回到電池了。

基於這種開關的原理，以旋轉式開關代替按壓式的開關，就成了我們這次實驗所製作的開關。

圖中，正中央的開關2就相當於四路開關。黑色塗黑的部分由金屬構成，可以讓電流通過。這張圖中，電流會從電池流出，先經過開關1，接著通過四路開關，再經由開關3回到電池。

圖中的開關1連接右邊的電線，電流在經過開關1抵達四路開關後，卻在開關3前中斷，故電燈仍然維持熄滅狀態。若我們將四路開關旋轉九十度，則電流流向會改變，使電燈被點亮。

不管是切換哪一個開關而關掉電燈，都可以再藉由切換另一個開關再次點亮電燈。這就是這種開關的運作模式。

這種電路可以由簡單幾個步驟完成，所以是一個相當適合用來幫助理解電路機制的教材。材料全都可以在大型居家用品店和生活百貨找到，且

不用危險的工具就做得出來，或許也很適合作為暑假自由研究的主題喔。另外，也不需用到焊接器材，只要用螺絲就可以固定線路，輕鬆製作出功能完備的成品。

教育重點

＊由簡單的製作過程開啟理解的大門

一般來說，應該很難馬上理解可以在三個以上的位置控制開關的電路，其運作的機制是什麼。

一開始可以讓學生先從「切斷電路就會使電燈熄滅」的單純電路配置入門，之後再開始思考如何在兩個位置同時控制電燈的開和關，接著慢慢引導學生思考四路開關的結構。

此時，若我們拆解實際使用的開關，觀察其內部電路，或許也是一個能有效幫助我們理解的方法，但市面上販售的產品構造非常複雜，可能反而會讓學生們感到混亂。所以自行配置一個電路，應該能幫助學生更有效率地理解其機制。讓學生們研究完成後的電路，思考電路的配置方式，我想會有很好的學習效果。

當他們理解簡單裝置的機制之後，就會開始思考較複雜的裝置是如何運作的。四路開關就是其中的代表性例子。

看啊！這就是太陽的力量！超強拋物面聚光器

Parabolic condenser

難易度 ★★★☆☆

對應的教學大綱
- 科學與人類生活／人類生活中的科學
- 物理基礎／各種物理現象與能量利用

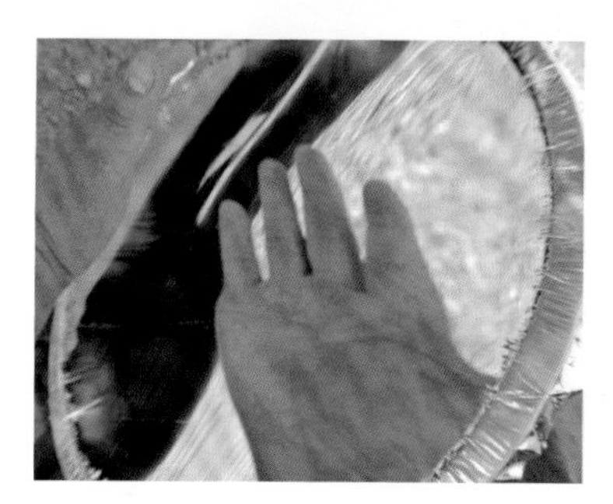

太陽光這種強而有力的能量就存在於我們的周遭，但我們能夠實際體會到其力量的機會實在是少之又少。在大家逐漸把目光放到太陽能利用的現在，我們更應該實際透過實驗，感受太陽的力量。

實驗目的 使用可以簡單操作、廢棄後容易處理的材料，實際感受到太陽光的威力。讓學生們知道，在我們的身邊就有著這麼強大的能量。

近年來，如何利用太陽能成為了一個相當熱門的話題，然而學校教育卻沒有設計一個能讓學生們實際感受到太陽能威力的實驗。就算只是利用太陽能發電板點亮LED或轉動電扇之類，看起來很普通的實驗也沒關係……因此在這裡我們要介紹的，就是可以讓學生們實際感受到太陽光的能量有多強的實驗。

沒有比太陽光離我們更近，又威力強大的能量來源了。然而，我們把太陽光視為理所當然，忽略了它的存在也是事實。

喜歡科學的人裡面，想必有不少人會在小時候拿著放大鏡之類的透鏡將光線聚焦，使黑紙燒起白煙，或者燒螞蟻之類的吧。

這次的實驗中，我們會製作出威力更大的拋物面型聚光裝置，試著讓各種東西熔化，或者是燒起來。

如右圖所示，一般會使用透鏡或反射鏡製作聚光器。事實上，美國一位少年就曾在一個曲面內側貼滿鏡子，製作成聚光器，並將實際操作的影片上傳至YouTube（http://youtu.be/TtzRAjW6KO0）。然而，將鏡子一個個貼上曲面是一件相當耗時耗力的事，而且當裝置閒置時，若照射到太陽的話，很可能會引起火災（這位少年就不小心將存放用的倉庫全部燒毀了）。因此，本實驗的目標就是要設計出一個製作過程簡單、使用後方便丟棄、威力又強大的聚光裝置。

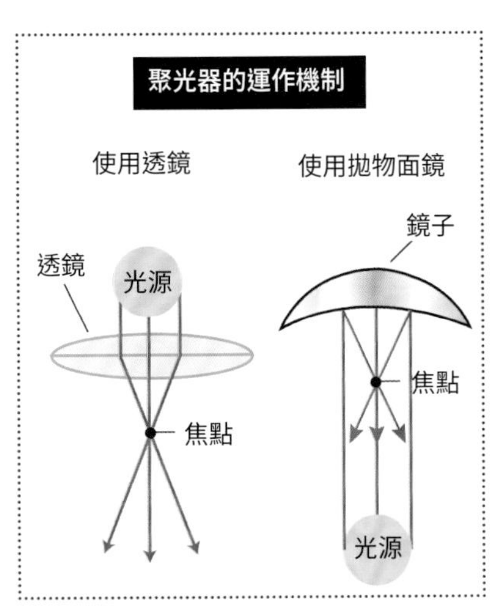

我們希望所有的材料都可以在大型居家用品店找到，而且預算在幾百元以內，又能在短時間製作出威力強大的裝置，並在運用太陽光的實驗中活用這個裝置，藉此説明太陽的威力。

製作

用塑膠桶製作聚光器

準備材料

圓盆：聚光器的直徑取決於圓盆的直徑。本次實驗中用的是40cm左右的圓盆，不過在大型居家用品店還可以找到2m大的產品。自製聚光器的最大直徑大約就在這個大小，直徑愈大，聚光器的威力就愈大。要是有空氣漏出的話會失敗，故請選擇塑膠材質的圓盆。

鏡面紙：請使用有鍍鋁的鏡面紙。鍍上鋁後的鏡面紙看起來就像鏡子一樣，就算有一些摺痕也沒關係，只要沒有洞就可以了。緊急狀況時使用的急難救生毯就相當適合。鏡面紙有5μm和25μm兩種厚度。由於本次實驗中，要是鏡面紙開了洞就會失敗，所以請選擇25μm的產品。鏡面紙的厚度會寫在商品標籤的內側，請仔細確認。不過因為鏡面紙很便宜，就算失敗也沒什麼關係，可以先多買幾個備用。

黏著劑：適合用來黏合塑膠的黏著劑。3M的Scotch系列產品黏著力很強，我相當推薦使用這系列產品，就算是聚乙烯之類以前難以黏合的材質也可以黏得很緊。塑膠盆通常是用聚氯乙烯或聚丙烯製成，鏡面紙是以PET塑料製成，不過Scotch系列產品可以把它們都黏得很緊。

橡皮塞：我們會用孔鋸鋸出一個洞，故需準備一個和洞的大小相符的實驗用橡皮塞。

孔鋸：我們需要開一個洞將盆內的空氣抽出。這時我們只要將孔鋸接在電鑽上，便可以輕易開出一個圓形的洞。孔鋸原本是用在木工上，不過用在塑膠的薄板上也沒關係。洞的大小約3cm就可以了。

熱風槍：可以在大型居家用品店買到，一個約幾千元。不過就算沒有也能做出實驗需要的裝置，故不需要特地購買，可以用吹風機代替。

排氣活栓：若想讓成品更完美，可以準備排氣活栓。排氣活栓可在水電行或熱帶魚用品店找到。

本次實驗主要會用到的材料，全都可以在大型居家用品店找到。

步驟

1. 在圓盆的正中央附近，以孔鋸鋸開一個可塞入橡皮塞的洞。

2. 輕鬆鋸出圓孔。但剛鋸出來的孔洞表面凹凸不平，可能會造成空氣洩漏，要用美工刀將孔洞表面削平。

3. 以特殊刮刀在圓盆的邊緣抹上黏著劑，使黏著劑呈波浪狀，靜置15分鐘。

4. 將鏡面紙黏在圓盆上，鍍有鋁的那一面朝向外側。如果黏著時會產生縫隙的話，再追加新的黏著劑，將縫隙填滿。維持這個狀態一整天。

步驟

5. 完全黏合後的樣子。仍可看到鏡面紙的摺痕。

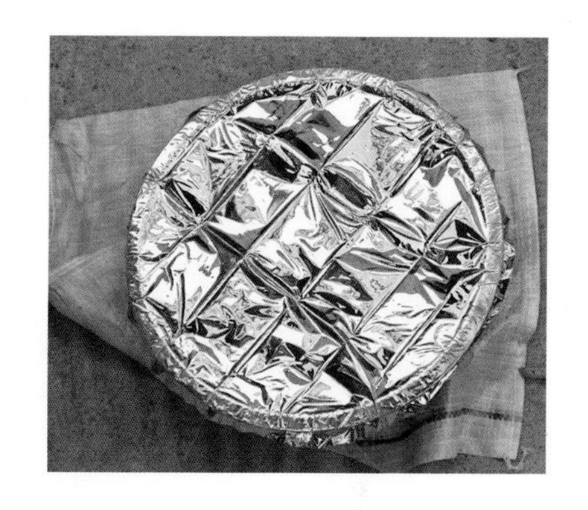

6. 以熱風槍或吹風機從背面開的洞送入高溫空氣，在內部空氣溫度仍偏高時，以橡皮塞塞住洞口。或者用吸塵器等工具吸出空氣（如果是直徑40cm左右的圓盆，也可以用嘴巴吸出空氣）。注意不要弄破鏡面紙（直徑40cm的圓盆，只要往內凹幾cm就夠了）。

7. 充分凹陷後，以熱風槍的熱風撫平鏡面紙上的皺紋，這樣就完成完美的鏡面了（要是沒有熱風槍的話，跳過這個步驟也OK）。

步驟

8. 順利完成凹面鏡！將內部氣體加熱後，以橡皮塞塞住洞口，待其恢復常溫時內部的氣壓下降，便會使鏡面紙往內凹陷，自然而然地形成凹面鏡。

＊. 還可在橡皮塞上稍做加工，加上排氣活栓之類的裝置，使之可人為產生負壓。

解說

＊做成拋物面形狀的理由

拋物面聚光器如其名所示，是一個聚集光線、形狀類似拋物面天線的裝置。只要在一個碗狀結構物的內側貼滿鏡子就可以做出聚光器了，然而要讓鏡子均勻分布在整個碗上並不是件容易的事，貼鏡子也相當麻煩。因此這裡我們稍微改變一下思路，讓鏡子自己凹進去，形成凹陷狀的鏡子就可以了……這就是這次製作的拋物面聚光器。

＊製作上需注意的事

首先，黏貼鏡面紙時請注意黏貼的是哪一面。由於無法保證鍍鋁那一面的黏著強度夠強，故本次實驗中用PET那一面與圓盆邊緣黏合。鍍鋁那一面朝外的話，會因為氧化或其它風化作用使其劣化，不過由於反射的面積夠大，故就算有部分劣化，某種程度上還是能維持功能。

再來是黏著劑，基本上只要照著說明書使用就沒問題了。實驗中所用到的黏著劑並非藉由溶劑乾燥後凝固來黏合物品，而是與空氣中的氧氣與水分反應後硬化，故需用特殊刮刀使黏著劑呈波浪狀，並靜置於空氣中15分鐘左右。如果沒有讓黏著劑充分與空氣接觸，就把鏡面紙貼上去的話，會因為黏著劑內側還沒完全凝固而呈現半乾狀態。本次實驗中要黏合的是不透氣的物品，因此必須特別注意。若只有外側接觸到空氣的黏著劑硬化，內側卻沒有凝固的話，成品的強度會不夠。鏡面紙會因為大氣壓力，用力往盆內壓陷，要是鏡面紙沒有大面積固定好的話，很可能會剝落。

＊使鏡面紙凹陷的方法

有數種方法可以讓鏡面紙凹陷下去，最簡單的方法就是用熱風加熱圓盆內部，待其冷卻後自動凹陷。用熱風槍將高溫空氣吹入圓盆的同時，將鏡面紙稍微往內壓使之凹陷，並趁著盆內空氣還熱的時候以橡皮塞塞住洞口。這麼一來，內部空氣降溫後，體積會跟著收縮，使鏡面紙往內拉緊，就可以得到一個凹面鏡。

另外一個方法則是把空氣吸出。如果凹面鏡約40cm大的話，用嘴巴吸氣就可以輕鬆使其凹陷，當然也可以用吸塵器吸。用吸出空氣的方式使鏡面紙凹陷時，必須注意不要吸出太多空氣。鏡面紙的延展性比一般紙還要好，吸過頭的話，紙面凹陷處可能會觸碰到圓盆的底部。如果凹陷得太嚴重，還可能會使其破裂。用40cm的圓盆來製作聚光器的話，大概只要往內凹陷數cm就夠了。

最後，為了讓凹陷的形狀更加完美，可以用熱風槍吹鏡面紙的皺褶部分，使皺褶拉平，變成漂亮的鏡面。鏡面紙相當耐高溫，故少許的熱風並不會讓它熔化破損。不過要注意的是，如果溫度過高，反而會讓鏡面紙收縮，裂開產生一個個小洞。

基本實驗

02 用聚光器點燃物品吧！

準備材料

拋物面聚光器

木板之類的易燃物：燒起來也沒關係，且操作上較無安全疑慮的易燃物。

注意事項

雖然聚光器製作起來很簡單，但威力相當強，絕對不要朝向別人。另外，也不要觸摸或直視聚焦的光線。

實驗步驟

1. 試著將光聚焦在木材上，不用1秒就會開始產生煙霧。

2. 確實將木材燒焦了！

＊聚光器的威力

我們做出來的拋物面聚光器可能會有一點歪歪的，但即使如此，也可以聚集到充足的光量。如果是40cm左右的圓盆，只要能將光聚集到2cm的範圍內，就可說是相當成功了。

如實驗結果所示，若將太陽光聚焦在木材上，不用1秒就會開始冒煙、起火。由此可知聚焦後的光線威力相當強。天氣很好的話，連鋁罐之類的物品都可以輕鬆熔出一個洞來。如果是夏天，甚至連鐵罐或鐵製啞鈴都可能熔化。

這個實驗所製作出來的聚光器，可以將大量的太陽光聚集在一起。聚焦後的陽光會成為威力很強的射線，直視這個射線是非常危險的事。若這個射線照到皮膚的話有可能會灼傷，故請一定要特別注意聚光的方向。

教育重點

＊實際體驗太陽光的能量是什麼意思

說到與太陽光有關的實驗，一般人應該會先想到太陽能發電。但我認為，讓學生們實際感受到太陽光的光線本身就有能量，是一件相當重要的事。因此，這次的實驗就以實際感受太陽光的能量為主軸。

而在實驗過後，還可以和學生討論這樣的能量應該用在什麼地方。作為純粹的熱源，可以用來加熱分解塑膠，或者熔化鋁罐以節省空間，應該可以發想出很多點子才對。教師可以就這些點子，與學生們討論可行性，並提供相關建議。這個實驗過程可以讓學生們開始自發性地思考科學，成為引發他們興趣的契機。

話又說回來，發出太陽光的太陽本身究竟是什麼呢？太陽光的能量又從何而來呢？從太陽發出的光抵達地球需要幾分鐘呢？近年來愈來愈多人在討論的太陽風與宇宙天氣預報又是怎麼回事？……藉由概略性地說明這些相關主題，也可以讓學生們瞭解到科學領域需要擁有包括從宇宙現象到能源問題的各種知識。

＊太陽真正的威力

不用說，太陽正是位於我們太陽系中心的恆星，其質量占了整個太陽系物質的99%以上，是一個巨大的能量塊。

太陽的表面溫度為6000℃，從表面噴出的日珥更高達1～2萬℃，太陽核心則被認為有高達1600萬℃的高溫。

太陽的中心持續進行著核融合反應，可將4個氫原子融合成1個氦原子。然而1個氦原子的質量卻比4個氫原子的質量總和還要少了0.7%。這兩者間的差異會以能量的形式放射出來。

核能發電使用鈾235進行核分裂反應，也僅有0.1%的質量被轉換成能量。而在一個質量為地球109倍的星體內，正不斷產生核融合反應。

這些能量會以波的形式，也就是電波、遠紅外線、近紅外線、可見光、紫外線、γ射線，以及高能量的荷電粒子（宇宙射線）等形式放射出來。

地球在1秒內所接收到的太陽能量，就超過了所有人類在一年內所消耗的能量，因此太陽光的應用仍有很大的潛力。

尋找都市內的資源，從垃圾中可以提取出黃金 !?

Urban mine

難易度 ★★★★☆

對應的教學大綱
- 科學與人類生活／物質科學
- 物理基礎／各種物理現象與能量利用
- 化學基礎／物質的變化

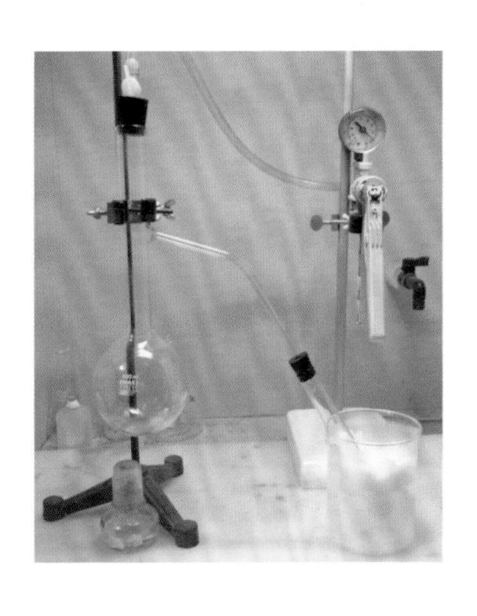

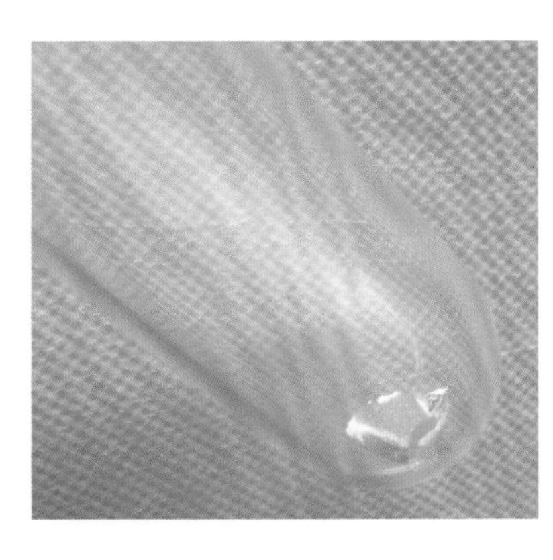

提到貴金屬，想必每個人第一個想到的都會是黃金。如果平常我們視為「垃圾」的東西就藏有黃金的話……？本次實驗中我們將可以親身體會到潛藏在日常生活中，稍微有些浪漫的科學知識。

親身體會到「都市礦山」這個詞的意義，並瞭解到科學知識與我們的日常生活密切相關。

都市礦山資源這個字從很早以前就經常出現，不過這並不代表要在都市內的礦山挖掘資源，而是從各種工業加工品的廢棄物當中，取出特定資源再利用。近年來由於銦等稀有金屬的價格持續飆漲，使得都市礦山漸受重視。

說到日常生活中最常看到的貴金屬，應該會是飾品之類的東西，但事實上，在我們看不到的地方，包括智慧型手機、功能型手機、遊戲機在內，都會用到由電化學製成的電路板。以手機來說，一支手機約有數mg（約為芝麻粒大）的黃金。日本約有1億支手機，且每年會汰換掉2,000萬支手機……這麼看來，若能將這2,000萬支手機全部回收，好好再利用手機內的資源，每年就可以產生150kg以上（約6.7億日圓）的黃金流入市場中。

但實際上，也有不少人會「因為包含了回憶」而將手機收藏起來，故每年大約只能回收600萬支手機。換言之，都市內每年會有1,000萬支以上的手機被汰換掉，卻沒有被回收。這些手機讓都市就像一個礦山一樣，讓我們可以從中挖掘出一定程度的利潤。

為了讓學生們親身感受這樣的背景，這次我們介紹的實驗中，會試著從老舊手機的電路板上萃取出黃金。從電路板上萃取出任何人都承認其價值的「金」，並進行精煉，可以讓學生們實際感受到我們的周遭存在著許多貴金屬，重新看待存在於我們身邊的資源。另外，還可以透過實驗，瞭解到那些看似與我們的日常沒什麼關係的科學知識，其實就隱藏在我們的身邊。

基本實驗

從廢棄家電中提取出黃金

準備材料

小瓶子：果醬瓶之類的即可，需清洗乾淨。

廢棄電路板：可在電子材料店以kg為單位購買，盡可能選擇愈舊的愈好。

水銀：能以藥劑的形式購買。要是買不到的話，可以破壞水銀溫度計取出裡面的水銀。

二股試管：常用器材之一。用稍大的二股試管做實驗會比較方便。這次會用到的水銀量較多，故需組裝出較大的裝置。

真空幫浦：不怕麻煩的話，也可以用大型塑膠注射筒代替。

乾冰1kg：1kg約100元左右。可以在乾冰專賣店、氣體專賣店買到。

尖嘴鉗、斜口鉗：可在雜貨店買到，末端愈尖的愈好。

酒精燈或加熱包

（**硝酸**：如果沒有要精煉黃金的話就不需要。）

水銀的毒性很高，絕對不要用手直接觸摸，也不要吸到水銀蒸氣。水銀的質感會讓人忍不住想摸摸看，請特別注意不要讓學生伸手觸摸。要是不小心翻倒的話，請撒上鋅粉回收。另外，請在開放空間中進行實驗，可以的話，最好在通風櫃等讓操作者不會吸到氣體的地方進行實驗。

實驗步驟

1. 組裝實驗裝置。右圖為裝置的基本構造，請一併參考下一頁的完成照片，組裝實驗器材。

※水銀（汞）與金汞齊均屬於有毒物質，進行實驗時請務必要注意安全。

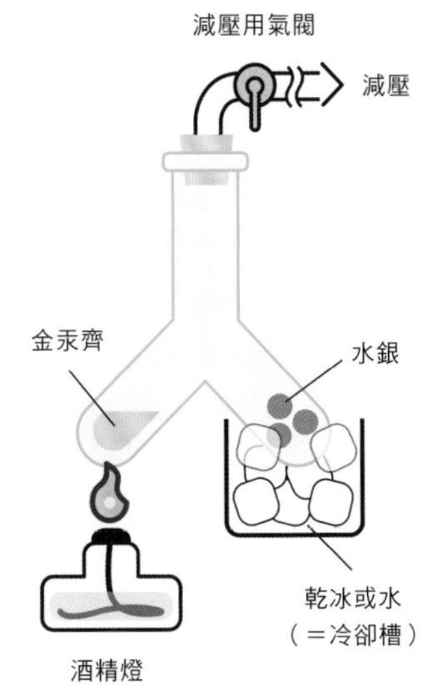

減壓之後，加熱一邊的試管，降溫另一邊的試管，以進行水銀的蒸餾。

實驗步驟

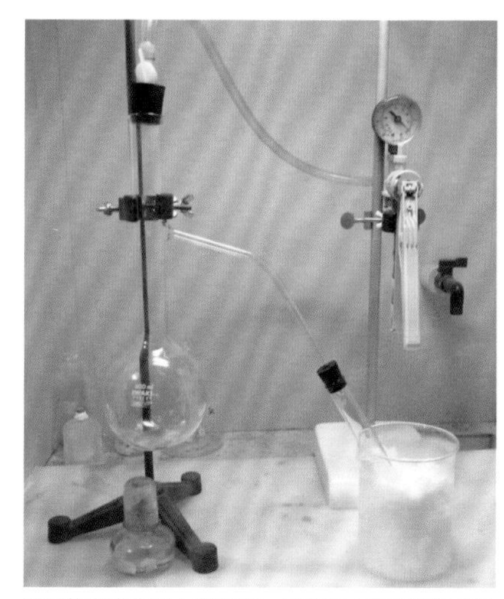

如果橡皮塞塞得太緊的話，試管表面就會因為水銀蒸氣過多而裂開，所以請不要塞得太緊。

2. 用尖嘴鉗或斜口鉗，從廢棄電器上拔下電路板。這次使用的是廢棄手機。

廢棄電器上，電路板的鍍金部分。這些鍍金部分就是這次萃取的對象。

實驗步驟

3. 將拔出來的零件放入小瓶子內，加入水銀充分混合。黃金便會逐漸溶入水銀中。

4. 逐漸增加零件的量，陸續萃取出更多黃金。

5. 鍍金零件（右）與被水銀溶出黃金成分的零件（左）。鍍金層掉下來後，可以看到裡面的金屬。

實驗步驟

6. 將從家電產品拔出來的零件放入小瓶子內，陸續加入更多水銀。雖然外觀上看不太出來，但其實已經有相當多的黃金溶在水銀裡面。可用電磁攪拌器加速攪拌，充分混合黃金與水銀。攪拌時，水銀蒸氣的壓力會急遽上升，要是瓶壁很薄，蓋子又蓋得太緊的話，會有爆炸的危險，請特別注意！

7. 直到鍍金零件上的黃金都被溶至水銀內之後，將水銀移到燒瓶內（或者移到二股試管的其中一邊）。溶有黃金的水銀（金汞齊）的濕潤性（與固體表面的親和性）很高，故很容易附著在玻璃表面上。

8. 以酒精燈或加熱包加熱，使水銀轉移至位於冷卻槽的另一側試管內。照片內使用酒精燈作為熱源，但效率過低，故之後改用加熱包加熱。

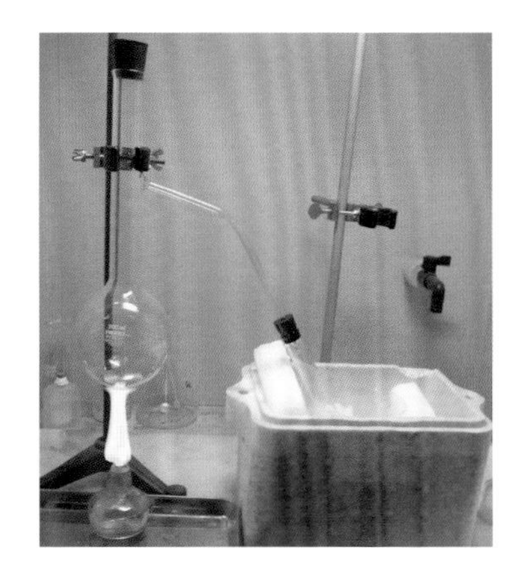

實驗步驟

9. 雖然只有數mg，但確實得到了薄片狀的黃金！

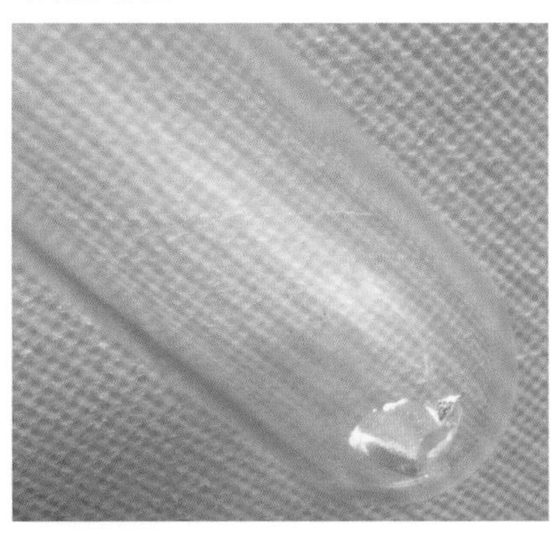

＊沉眠於你我周遭的都市礦山

讓我們從材料開始談起。都市資源中，被當作廢棄零件販賣的電路板皆可用來當作本次實驗的材料。特別是愈古老的機種，可以萃取出來的黃金就愈多，而且很便宜，故相當推薦。

這次實驗所使用的是手機，不過記憶卡之類的裝置中，端子部分也含有不少黃金，在秋葉原的店家可以用數十日圓至100日圓等價格購得。

在許多廢棄電子零件店面內，都能以kg為單位購買這些東西，故一次購買大量廢棄零件當作教材使用會更划算。順利的話，1kg的電路板約可萃取出2～3g的黃金。拿著這些黃金去收購店的話，約可換到15,000日圓的金額（實務上還需扣取1g約3,300日圓左右的手續費），可見這是一個可以實踐的實驗。這也表示，我們可以透過這個實驗萃取出純度相當高的黃金。

*汞齊法

這次實驗中，我們用水銀將黃金汞齊化，藉此萃取出黃金。至於在水銀的取得上，可以用試劑的形式購入，每100g（一級品）約2,000日圓左右（如果購買500g的特級品，大概也只需要5,000日圓）。實驗用的水銀只要50g就夠了，而且實驗最後還可以回收這些水銀重複使用，故不需要太多。

另外還有一個密技，就是在網路拍賣商店上，有時可以看到有人把壞掉的舊式水銀壓力計拿來賣，這類器材裡面含有大量水銀，將其破壞後便可獲得大量水銀。

這次實驗是使用水銀萃取出黃金，不過要大規模進行萃取時，目前的主流方法是氰化物萃取法，如其名所示，是使用氰化物萃取出黃金的方法。和水銀相比，氰化物的毒性相當強，危險性過高，故本書僅介紹汞齊法萃取黃金。

*拆解電路板時的注意事項

都市資源回收過程中最困難的地方，就在於每個不同的零件都含有各種不同的資源，讓人難以確定萃取出來的是哪種金屬。這次實驗中，需要將含有黃金的零件（鍍金零件）一一拆解、拔除。要是廢棄零件上有髒污的話，則必須將其切成適當大小放到水桶內，倒入水和洗碗精等清潔劑，並用棒子攪拌均勻，去除附著在電路板上的污垢、灰塵（如果原本的零件很乾淨的話，就不需要這個步驟）。

電路板上的黃金是金色的，用眼睛看就看得出來。實驗時請盡可能地蒐集這個部分。若要問為什麼要把這些地方一一拆下來的話，是因為要盡可能避免混入其它金屬。如果以水銀處理整個電路板的話，會混入大量的雜質。因為水銀除了黃金以外，對銅和鉛也有很強的溶解能力。特別是焊接點的部分要特別注意，焊接材料的主要成分是鉛，鉛在電路板上的用量很大，要是金汞齊混到鉛的話，之後要再去除鉛就很困難了。因此操作的時候，必須將電路板拆解至一定程度，盡可能丟棄不需要的部分，僅將鍍金的部分用尖嘴鉗或斜口鉗拔下來。蒐集到一定的量之後放入小瓶子內，

再進行下一個步驟。

＊開始用水銀萃取出黃金吧！

黃金可以溶解在水銀內（汞齊化），這件事光用口頭說明也很難讓人理解吧。如果讓學生親自從眼前的電路板上拔取出鍍金零件，再放入瓶中搖晃，就可以讓他們馬上看到零件上的鍍金被溶出來。如果汞齊內含有的其它金屬很少的話，會是一般的液狀，不過當其它金屬的含量增加時，汞齊的顏色和流動性也會產生變化，也可以讓學生們觀察這種變化。

如各位所知，水銀是液態金屬，且具有一定的毒性，故實驗時一定要注意不要打翻水銀。要是不小心打翻水銀的話，要撒上鋅粉，慢慢混合使其變成固體的鋅汞齊，才可安全地回收。這個回收方式利用到水銀和其它金屬容易形成合金的特性。

＊將水銀與黃金分離

溶有黃金的汞齊在蒸發掉水銀之後便可取出黃金，故水銀可以回收再利用。

然而，水銀是毒性很強的金屬，應盡可能避免其揮發至大氣中。因此我們會在二股試管的一股內裝入汞齊加熱，另一股則放入冷卻槽內用乾冰之類冷卻汞蒸氣，回收水銀。為了使蒸餾過程更為順利，可以將二股試管的橡皮塞切得短一些，插入針筒抽出空氣減壓，使其接近真空狀態後再加熱，效率會更好。冷卻時也可以用水冷方式回收水銀，不過可以的話用乾冰的冷卻效果會更好（本書實驗照片中用的是液態氮，不過乾冰就非常夠用了）。

＊去除雜質

加熱汞齊去除水銀之後，便可得到薄片狀的含金混合物。這個狀態下的混合物已有相當高的含金量，可以直接當成黃金進行加工，不過可以的話，我們還是要盡量去除掉雜質。

自古以來，黃金的精煉技術便廣為人知，其中最有名的就是灰吹法。這種方法是在空氣中加熱試料，使金和銀等貴金屬以外的金屬氧化，再行

去除。用這種方法可以輕易去除掉金和銀以外的賤金屬。

如果實驗時能夠小心操作，回收電路板上的含金部分的話，雜質應該只會有銅。要分離金和銅並不困難，只要將產物丟進硝酸溶解就可以了。充分溶解之後，剩下無法被溶解的細粒就是黃金，故可藉此去除含銅雜質，到這裡便大致完成了黃金的精煉。接著只要用濾紙將這些黃金收集起來使之乾燥，就可以得到高純度的黃金了。

＊這真的是黃金？確認是否為黃金的方法

黃金是非常穩定的金屬，不會在空氣中氧化。因此電子產品的端子之類需要高導電度的地方經常會使用黃金作為材料。

若想確認萃取出來的產物是否真的是黃金，確認其延展性是最合適的方法。我們可以將萃取出來的黃金集中在一起，並以鐵鎚敲擊。由於黃金是非常柔軟的金屬，故可以很輕易地將其融合成一整塊並延展開來。相較之下，銅比較硬，無法輕易地像黃金那樣延展開來。金屬中，鉛的延展性與黃金相近，不過鉛的顏色與黃金完全不同，要辨別兩者並不困難。另外，若將試料放入硝酸，幾乎所有的金屬都會溶解，但黃金不會溶解。

應用實驗

用汞齊鍍金

焊接用的助焊劑：板金會用到的焊接用品。可在大型居家用品店購入。

任意銅板：以砂紙研磨其表面，若能用全新的面鍍金，效果會更好。

黃金與水銀組成的金汞齊：上一個實驗中的產物金汞齊。或者也可以將市面上販賣的金箔溶於水銀內製成。

冷卻槽

實驗過程中會產生水銀蒸氣，請務必在開放空間中進行實驗。可以的話，請在通風櫃進行實驗。

實驗步驟

1. 將助焊劑塗在銅板上，在銅板還是濕潤的時候，將金汞齊加在上面。

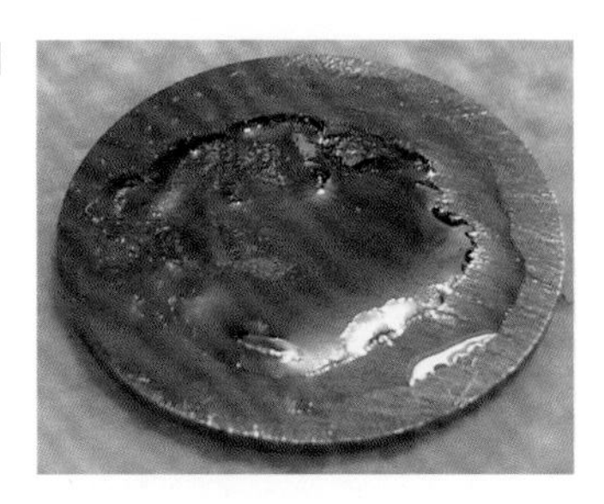

2. 將金汞齊塗滿整個銅板表面之後，用水洗去助焊劑，再以高溫加熱除去水銀。當然，由於水銀會直接揮發於大氣內，故必須以極少的量進行實驗。

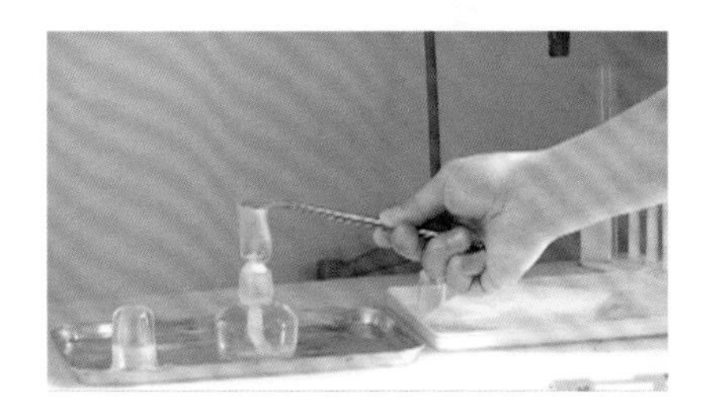

3. 漂亮地鍍上了一層黃金。黃金的附著力很強，即使有些許摩擦也不會掉落。

＊實際表演一次鍍金過程給學生看

在進行汞齊法萃取黃金的過程中，可以順便用金汞齊另外做鍍金實驗給學生們看。將汞齊塗在適當的金屬上，加熱過後水銀會蒸發，只留下黃金在金屬上……我們可以用這種性質為金屬鍍金。據説奈良的大佛就是用這種方法鍍金的。

若問哪些金屬容易鍍上黃金的話，銅便是其中一種。銅與汞齊的親和力很高，可以輕鬆地將汞齊塗在銅的表面。這種狀態在冶金領域中又稱為「潤濕」。潤濕狀態的汞齊呈薄膜狀，遍布整個金屬表面。相反的，非潤濕狀態則是指汞齊聚集在單一個點上，像是被排斥一樣在銅的表面上滾動的樣子。若希望金屬的潤濕性高，可在鍍金之前用砂紙好好磨光銅板，讓銅板露出全新的一面，這麼一來潤濕性會更好，成品也會更漂亮。

＊使用助焊劑的原因

如前面介紹的，最簡單的鍍金方法就是用助焊劑來幫助鍍金。助焊劑可以去除金屬表面的氧化物，提高其活性。助焊劑的主要成分是鹽酸或氯化銨，經常當作板金用的焊接用品於賣場販賣。將助焊劑塗在銅板上，可使銅變為漂亮的紅銅色，甚至有些會接近桃紅色。以助焊劑潤濕銅板之後，將汞齊倒在銅板上，汞齊便會散布至整個銅板，形成一層漂亮的塗層。

當汞齊順利散布至整個銅板時，就可以用水輕輕沖洗，這麼做是為了將多餘的助焊劑洗掉。助焊劑有很強的腐蝕性，故使用完畢後必須以水沖洗乾淨。汞齊雖然是半液狀，但輕輕沖洗並不會把汞齊沖掉。清洗完畢後，以高溫加熱將水銀去除，便完成了整個鍍金過程。

當然，這個操作確實會產生水銀蒸氣，故最好能在通風的地方，或者是在通風櫃內進行實驗。

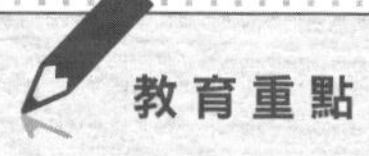

＊支撐著我們日常生活的稀有金屬

都市內存在著礦山資源。這次實驗講的是「黃金」，不過事實上，還有許多稀金屬（稀有金屬、稀土金屬）以金屬元素或化合物的形式存在於我們的周遭，供我們使用。舉例來說，白色LED中螢光材料的銪、液晶螢幕中透明電極的銦、可提高磁鐵強度的釹和鏑、汽車的黑煙淨化觸媒中的鉑和鈀等等……仔細研究後不難發現，要是沒有這些稀有金屬的話，我們就沒辦法享受那麼多采多姿的生活了。

授課時，除了提到稀有元素的重要性之外，還可以介紹這些稀有金屬是如何被精煉出來、又是如何供給這些資源等社會背景上的知識，讓學生們對海底資源、社會情勢之類現代逐漸受到重視的話題開始產生興趣。

另外，由萃取礦物的角度來看，還可以延伸到「利用嗜鐵細菌萃取出鐵的生物濾化過程」之類的有趣研究。

Experiment 實驗 No.06

顏色不斷改變的液體
氧化還原

Oxidation-reduction

難易度	★☆☆☆☆
對應的教學大綱	化學／物質的狀態與平衡
	化學基礎／物質的變化

在課堂上提到氧化還原反應的時候，大多只會單方面地說明枯燥無味的化學反應式。然而光靠反應式，通常沒有辦法讓學生理解究竟發生了什麼事。本實驗將試著用顏色會變來變去的液體，讓學生們理解氧化還原的機制。

實驗目的 讓學生們實際體會光看反應式很難理解的氧化還原現象，加深學生們對氧化還原的理解、引發對這個主題的興趣。

國中、高中的化學都有「氧化還原」這個主題，然而這個主題的內容常讓人覺得枯燥乏味。學生們突然看到這些抽象的反應式，也沒辦法實際感受到這些化學反應到底在做什麼。

因此，在教授氧化還原這個單元以前，如果教師能帶著學生們實際操作過一次實驗，讓學生們親眼看到各種溶液的顏色變化，便能藉由實際感受來學習氧化還原反應。

如果能好好地在實驗中演示出顏色的變化，之後在說明實驗的原理時，學生們就能快速抓到重點。雖然結構式對國中生來說很困難，不過如果在說明時，把每個「分子」當成一塊東西來教學，學生們應該也可以充分理解其意義才對。事實上，筆者在教導國中生們什麼是氧化還原反應時，就是先讓他們看這個實驗，之後再進行說明。

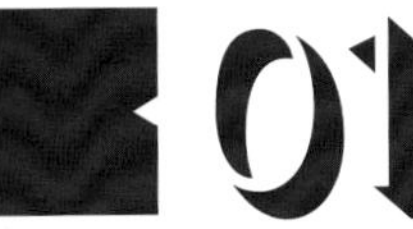

基本實驗

01 變色龍般的紅綠燈反應

準備材料

透明塑膠容器：約200ml左右的容器，可使用寶特瓶。

氫氧化鈉 1g：雖然是強鹼，但一般藥局內都買得到，學校裡應該都會有。也可用氫氧化鉀代替。

葡萄糖 2～5g：可使用超市販賣的葡萄糖塊。

靛藍胭脂紅（Indigo Carmine） 20～50mg：除了能以試劑的形式購買之外，亦能以食用藍色2號的形式於網路上購得。

水：自來水即可。

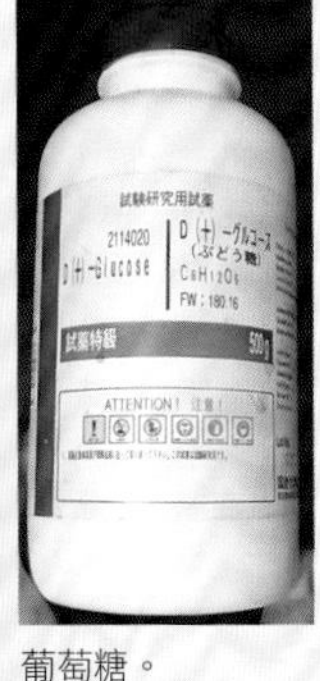

葡萄糖。

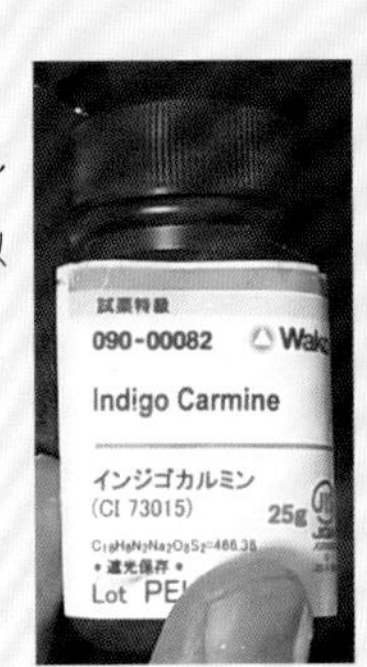

靛藍胭脂紅。

近年來，作為化學試劑販賣的氫氧化鈉大多會做成顆粒狀，不易產生粉塵，但因為氫氧化鈉是強鹼，取用時仍須注意。

實驗步驟

1. 在塑膠容器內裝入100～200ml的水，每100ml的水加入1g的氫氧化鈉（或者是氫氧化鉀）。須注意不要讓液體體積超過容器的2/3。

pH約在13左右。

2. 待氫氧化鈉（或者是氫氧化鉀）完全溶解後，每100ml的溶液加入2～5g的葡萄糖。

3. 用微量藥匙加入極少量的靛藍胭脂紅，便會變成綠色的水溶液。靜置10～20分鐘，待其穩定下來。

加入少量的靛藍胭脂紅，便會變成漂亮的綠色水溶液。

實驗步驟

4. 溶液的顏色會逐漸變成紅色→檸檬茶般的黃色。待黃色穩定之後輕輕搖動液體，又會變成紅色。若再劇烈搖動，會變回步驟3的綠色。

分子的小小差異，就會改變分子所顯示的顏色。

*實驗的進行與注意事項

首先讓我們從容器的部分開始說明。本實驗需使用透明的容器，而之所以選用塑膠瓶或寶特瓶等塑膠製品而不使用玻璃瓶，是為了在容器不小心摔落時不會摔碎，確保實驗能安全進行。

我們會在容器內裝100～200ml的水，不過為了確保實驗時能讓溶液與空氣反應，水溶液的體積請不要超過容器的2/3。而氫氧化鈉的量則是每100ml加入1g左右，不用計算得很精密也沒關係。不過要是每100ml加超過5g的氫氧化鈉的話，pH值會過高，使實驗無法順利進行，所以要特別注意。

若擔心讓學生們取用氫氧化鈉會有危險的話，可以先配好1%的氫氧化鈉水溶液，讓他們裝到自己的容器內。如果是1%的氫氧化鈉水溶液，就不算劇毒物質了（法律的認定上，將這個濃度的氫氧化鈉視為與一般販賣的排水溝清潔液相同）。不過由於排水溝清潔液還有添加穩定劑、界面

活性劑等會阻礙反應的物質，故不能用來做這個實驗。

確認氫氧化鈉完全溶解之後，每100ml加入2～5g的葡萄糖。如果在氫氧化鈉還沒完全溶解時就加入葡萄糖的話，葡萄糖會被直接分解成焦糖色素，使液體顏色變為淡黃色，這會直接造成實驗失敗，請特別注意。

葡萄糖是類似砂糖的東西，實驗前也可以讓學生嚐嚐看它的味道。高中的化學課程中會提到葡萄糖的還原性，可以趁這個時候說明清楚。

*三色變化！

接著用微量藥匙加入極少量的靛藍胭脂紅到這個溶液內。靛藍胭脂紅就是食品添加物中的藍色2號，也會用在入浴劑上。由於靛藍胭脂紅的結晶難以溶於水中，故可以先做好較濃的溶液，再於實驗時將溶液分給學生。製作較濃的溶液時，可將100mg的靛藍胭脂紅溶於10ml的水中。將其製成水溶液之後會變得很不穩定，若沒有在兩三天內用完的話就只能丟棄了。另外，保存時也必須將容器的蓋子確實蓋緊，防止溶液灑出。

將靛藍胭脂紅溶入水溶液之後，水溶液就會逐漸轉變成綠色。在顏色穩定下來之前，需靜置溶液10～20分鐘左右。如果水溫較高的話，等待溶液顏色穩定下來需要的時間就愈短。35℃時只要2、3分鐘就可以穩定下來了，但不到15℃時就需要近20分鐘才能穩定下來。若希望能加快課程節奏，可以視季節需要加入熱水，使其能在短時間內反應完成。

靜置時，溶液會從綠色逐漸轉變成紅色，再逐漸變成檸檬茶般的黃色。當黃色穩定下來之後，輕輕搖動會讓它變成紅色，劇烈搖動的話又會變回綠色。於是一瓶會變色的神奇溶液便完成了。

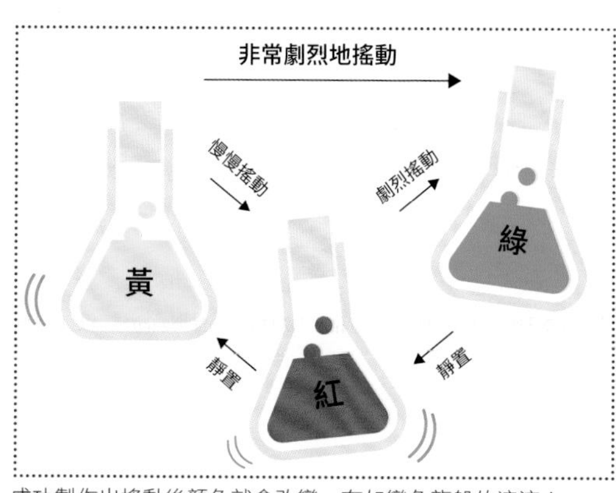

成功製作出搖動後顏色就會改變，有如變色龍般的溶液！

02 基本實驗

一搖晃就變成藍色的液體

準備材料

透明塑膠容器：與前一個實驗相同的即可。

氫氧化鈉 1g、葡萄糖 2～5g：與前一個實驗相同的即可。

亞甲藍或孔雀石綠：在熱帶魚用品店會當作魚類治療藥物販賣。

熱水：約40～50℃，用煮過的自來水即可。

實驗步驟

1. 在塑膠容器內注入40～50℃的熱水，依照與先前實驗相同的分量，依序加入氫氧化鈉和葡萄糖。

↓

2. 充分混合後，邊輕輕搖晃、邊一滴滴加入亞甲藍（或者是孔雀石綠）。每加入一滴時，顏色應該會馬上消失。待顏色消失的速度變慢之後，就不再加入亞甲藍。接著靜置冷卻，使其穩定下來。

實驗步驟

3. 再來只要用力一搖，就會馬上變成鮮豔的藍色，靜置1～2分鐘後顏色又會消失。這個反應可以一直反覆操作。

解說

＊魔術般的表演，讓學生們目不轉睛！

將無色透明的溶液用力一搖，便會立刻轉變成鮮豔的顏色，讓人不禁懷疑自己的眼睛有沒有看錯。授課時，一開始可以故意用布蓋住，不給學生看到顏色改變的瞬間，像是變魔術一樣表演給學生看，想必這樣更能引起學生們的興趣。這個實驗用到的材料與紅綠燈反應實驗有很大的差異，使用的色素不是食品添加物，而是一般店面就買得到的熱帶魚治療藥物，相當容易取得。不過實驗需要加熱或使用熱水，整個實驗過程所花費的工夫應該差不多。

雖然材料、步驟與紅綠燈反應實驗幾乎相同，不過一開始的準備作業稍有不同。首先，需準備40～50℃左右的熱水，接著將與前面的實驗相同分量的氫氧化鈉和葡萄糖依序溶入熱水中，一邊充分混合，一邊將熱帶魚用的亞甲藍溶液（或者是孔雀石綠溶液）一滴一滴地加入。此時需要確認滴下去的溶液在混合後，顏色是否會馬上消失。加入一定量的亞甲藍溶液之後，顏色消失的速度會愈來愈慢，此時便停止滴入。保持容器內有1/3以上的體積為空氣，蓋上容器的蓋子待其冷卻、穩定下來。

完成的溶液應為透明無色，不過用力一搖後就會出現鮮豔的顏色，且過了1～2分鐘之後顏色就會消失，教師們可在學生面前演示這個過程。亞甲藍是藍色，孔雀石綠是黃綠色，各自的顏色變化就很引人注目了，如果同時加入亞甲藍和孔雀石綠，反應產生的顏色還會疊加在一起，相當有趣。

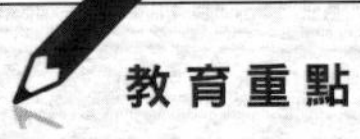

教育重點

＊顏色改變的原因

溶液的顏色之所以會改變，其原理是因為我們刻意搖晃液體，強迫亞甲藍和靛藍胭脂紅等帶有顏色的化合物與氧氣反應，改變分子呈現出來的顏色。可以用圖片説明如下。

＊靛藍胭脂紅的反應

SO_3H OH N NH OH SO_3H 黃色

搖晃（氧化）↓ 靜置（還原）↑

SO_3H O- N NH O- SO_3H 紅色

搖晃（氧化）↓ 靜置（還原）↑

SO_3H O N NH O SO_3H 綠色

這次使用的靛藍胭脂紅，其中間態為紅色，氧化與還原態則分別為綠色、黃色，故可呈現出紅、黃、綠三種顏色。

＊亞甲藍的反應

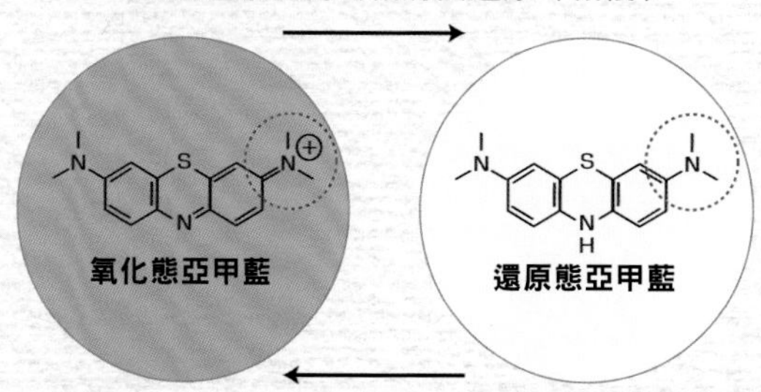

另一方面，如上圖所示，亞甲藍會在無色與藍色之間改變。若用力搖晃容器，使空氣中的氧氣混入溶液中，便會使亞甲藍被氧化，改變其色素結構，呈現出不一樣的顏色。

這一連串的反應都在塑膠容器內完成，而且只要搖晃之後就可以看出變化，這就是這個實驗的有趣之處。而且這種會變色的液體，正好與孩子們對「化學」的印象相符，故一定可以激起他們的好奇心。

＊授課時的說明順序

如各位所知，葡萄糖是代表性的單醣，擁有還原性。這類分子又稱為還原糖，在鹼性溶液中會以帶有醛基或酮基的直鏈形式存在。擁有還原性的葡萄糖，可將氧化態的亞甲藍與靛藍胭脂紅還原成還原態。

在要求學生們死背「果糖沒有還原性」之前，可以利用這個實驗，讓學生們同時用果糖和葡萄糖實際演練一次，如此一來便能讓他們親眼看到這兩種糖有沒有還原性，自然而然地記下來。

銀鏡反應只在一瞬間發生，而且使用的試劑相當昂貴，要讓學生們親自操作可能會有些門檻。如果改用這次介紹的實驗來說明還原性，使用的材料比較便宜，且只有在取用氫氧化鈉時比較危險而已，相對安全許多，是本實驗的一大優點。

另外，色素會受到pH、熱、光等環境的影響而產生變化。教授高中以上，學過進階化學課程的學生時，可以試著讓他們研究看看色素會因為這些環境的影響產生什麼變化。本實驗所使用的溶液都會在半天以內失效，無法繼續反應。教師亦可試著讓學生回答看看，為什麼溶液會變得無法反應。

順帶一提，靛藍胭脂紅有個特徵，那就是它的分子在鹼性環境下會自行分解，而且紫外線還可以加速它分解，故常被用來當作入浴劑的色素。許多使用有顏色的入浴劑的人，會將泡過澡的水拿來洗衣服，但泡澡水的顏色卻不會沾到衣服上，就是因為多數洗衣劑為鹼性，可使靛藍胭脂紅自然分解。而且，就算有少許色素殘留在衣服上，曬乾時只要照到紫外線，便會讓它完全消失。因此用含有入浴劑的泡澡水洗衣服，並不會將衣服染色。

除了靛藍胭脂紅以外，還有許多有類似性質的色素。或許入浴劑可以代替靛藍胭脂紅，用在本實驗中（不過入浴劑大多含有碳酸鹽類或硫酸鹽類，可能會讓反應無法順利進行）。

讓學生們藉由本實驗將化學與生活連結在一起，這麼一來，想必他們一定也能親身體會到化學在我們生活中的分量吧。

體驗
食品添加物的力量！

Food additive

難易度 ★☆☆☆☆

對應的教學大綱 科學與人類生活／物質科學
化學基礎／物質的組成

食品添加物，這個東西就存在我們的生活周遭。然而，大部分的人並不知道這些食品添加物實際上是如何作用的。讓我們透過「食物」這種每天都會碰到的東西，快樂地學習科學，並改變對世界的看法吧！

實驗目的

藉由實際的接觸，學習為什麼要使用食品添加物，以及食品添加物的效果，並從化學的角度來說明它們是什麼樣的物質，讓學生對食品添加物不再一無所知。而且這個實驗可以讓學生們認識到食品加工是一門多麼複雜而洗鍊的技術，又賜予了我們多少恩惠，而為了獲得便宜又安全的食物，我們又犧牲了什麼。希望藉由這個實驗提供一個契機，讓學生們開始思考以上的問題。

每年5月的東京國際展示場都會舉行「國際食品素材／添加物展．會議（ifia）」這個活動。日本在食品加工技術上名列前茅，甚至可以說是擁有世界最強技術的國家。即使是門外漢，若有機會的話，請各位一定要參加看看這個盛大的活動。在這裡可以窺見各家公司是如何運用最新的技術，讓食品變得更好吃，吃起來更享受。

然而，就算這個活動辦得很盛大，社會上的人們對於食品添加物仍多半沒什麼好印象。雖然我們可以用「不瞭解它真正的模樣」這一句話，來說明為什麼人們會對食品添加物有所誤解，但如果沒辦法讓人們認為食品添加物的「真正模樣」其實相當平易近人的話，就算我們再怎麼用書籍或論文說明食品添加物很安全，吃起來很放心，想必大部分的人還是不能接受吧。

因此，這次實驗的主題就是要應用食品添加物來做實驗。拜近年來網路購物的蓬勃發展，讓人們可以輕鬆購買到各種食品添加物。

既然叫做食品添加物，當然就是拿來吃的，所以安全性很高。而且食品與我們的日常生活息息相關，故用它來當作實驗教材時，會讓學生覺得更親切，是可以讓學生們對化學產生興趣的優秀教材。

而且用食品添加物來做實驗，讓學生們體驗看看食品添加物的效果，並透過實際觸摸瞭解各種物質的性質，可以讓學生們切身感受到，我們每天餐桌上的美味食物都需靠化學的力量與恩惠完成，並且讓學生們在討論食品添加物的話題時，可以進入更深的層次。

另外，食品添加物可以衍生出很多研究課題，相當適合作為自由研究的主題，因此我想將食品添加物的實驗推廣給全國的教師們知道。

基本實驗

01 以乳化劑合成植物性牛奶

準備材料

70℃的熱水 30～40ml

沙拉油 10ml

燒杯

微波爐or熱水

溫度計

攪拌器：尺寸較小者為佳。

乳化蠟 3～5g：可在網路購物網站購得。搜尋「乳化蠟」便可找到，用數百元就可以買到足以做好幾次實驗的量。

注意事項 使用熱水時請小心不要被燙傷。

實驗步驟

1. 將沙拉油、乳化蠟放入燒杯中。

↓

實驗步驟

2. 用微波爐或隔水加熱至70℃以上。

3. 乳化蠟全部溶解之後，將已加熱至70℃的熱水慢慢加入，反覆攪拌。

4. 最後用小型攪拌器充分攪拌，就會變成牛奶般的乳化狀。

實驗步驟

*. 原本水和油會互相排斥，無法溶解在一起（極性不同）。教師們可以先讓學生看到油水不互溶的樣子，再用乳化蠟將這兩個有著不同極性的物體混合成膠體溶液，並說明變成這種油水互溶狀態的原理，這樣可以讓學生們的理解更加深刻。

＊可用眼睛實際觀察到的「膠體」

高中化學提到「膠體」時，會將牛奶當作教材，説明牛奶是水和油所組成的膠體溶液，並讓學生們在實驗中實際試做牛奶。

如果讓學生們實際製作出超市內賣的植物性牛奶，便能讓他們實際觀察到「乳化」是怎麼一回事，而並非只是用教科書中枯燥乏味的圖片結束説明。

要注意的是，食品工業中製作的奶精或植物性牛奶，都是用超音波攪拌的方式攪拌數小時以上，以將各種成分均勻混合，使其不易油水分離。然而這次簡單的實驗中所製作出來的產物，只要經過數小時就會開始分離，沒辦法放得太久。

另外，由於材料只有水、沙拉油、乳化蠟而已，所以做出來的東西味道很差，再加上乳化蠟一般來説不會用在食品上，故請不要吃下這個實驗做出來的東西。

如果想要攪拌得更均勻，可以使用下一頁提到的超音波清洗機（眼鏡清洗機）進行攪拌，便可製作出更為柔滑的產物。

清洗眼鏡時會用到的超音波眼鏡清洗機。小型超音波清洗機只要1,000多元便可購得。

02 基本實驗
完全重現便利商店的便宜冰品

準備材料

香草香料 少許

植物性牛奶 1盒（200ml）

糖漿 適量：也可用砂糖。

卵磷脂 1茶匙左右：粉末或液體皆可。在網路商店上搜索時，多會看到乾燥後的粉末卵磷脂，或者是卵磷脂的營養品。

梔子花色素：如果希望成品看起來更像真正的商品可以準備這種色素。用其它黃色系的色素也可以。

攪拌器：用電動攪拌器來做的話會輕鬆很多。便宜的攪拌器只要數百元左右就買得到了。

大碗

這次的材料。

memo

就算沒有加卵磷脂，一般市面上販售的植物性牛奶通常都含有乳化劑，因此足以讓我們在實驗中做出冰淇淋。

實驗步驟

1. 將植物性牛奶倒入碗內，溶入能讓成品吃起來夠甜的量的糖漿，慢慢用攪拌器攪拌，避免過度打發泡。

2. 加入卵磷脂，繼續以攪拌器攪拌混合。

3. 加入香草香料，（如果需要的話）加入色素。

實驗步驟

4. 倒入適當容器內，放在冷凍庫內冷凍使其凝固。

若倒入看起來像冰淇淋盒之類的容器內，看起來就像真的冰淇淋一樣。

5. 完成！

試吃看看吧！

＊. 右圖為加了黃色色素的成品。又更接近市面上販賣的冰淇淋了！

味道好像有點不一樣??

＊可透過製作冰淇淋觀察到的事

這次是用每個人都吃過的冰淇淋為主題進行實驗。

在前一個使用乳化劑的實驗中，我們學到植物性牛奶是如何製作出來的。而在這個實驗中，我們更親眼看到便利商店的冰淇淋和速食店的奶昔，是用多麼簡單的材料製作而成。

原本真正的冰淇淋是使用香草豆、牛奶、砂糖、蛋等材料製作而成。我們則將這些材料分別換成了香草香料、植物性牛奶、糖漿、卵磷脂等完全不同的材料，即使味道相似，實際上卻是由完全不同的東西組成。

近年來市面上開始販賣製作成營養品形式的乾燥卵磷脂，我們只要利用這種卵磷脂就可以輕鬆做出人工冰淇淋。另外，與真正的冰淇淋不同，這種冰淇淋不需要經過冷凍→攪拌的步驟，只要將材料混合在一起，冷凍成固體後便完成了。即使製作方式如此簡單，卻可得到不遜於便利超商所販賣的冰淇淋產品。

我們希望可以藉由這個實驗，讓學生從食品標示去研究冰淇淋原本的材料與製作方式、調查這些產品在熱量與營養成分上的差異，並對食物相關技術產生興趣。

基本實驗

以黏稠劑製成的藍色果醬

準備材料

糖漿

食用色素

酸味劑：酒石酸等。

水：為了讓糖漿與食用色素能充分混合，加水時須一次加一點，以調整黏度。

CMC：羧甲基纖維素。在網路上搜尋「CMC 1kg」之類就可找到販賣的網站。

大型碗等適當容器

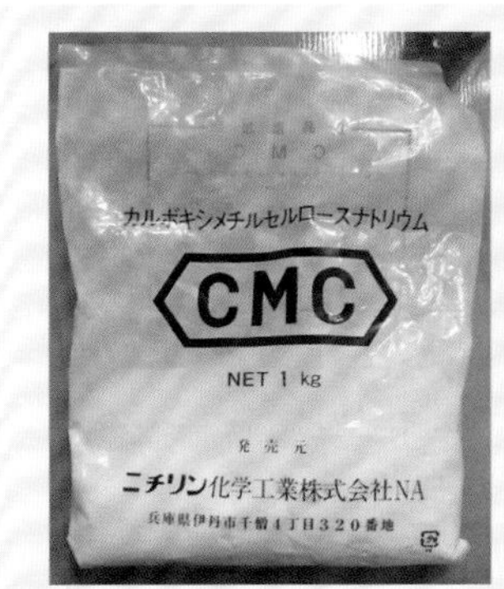

CMC。1kg約300～400元。

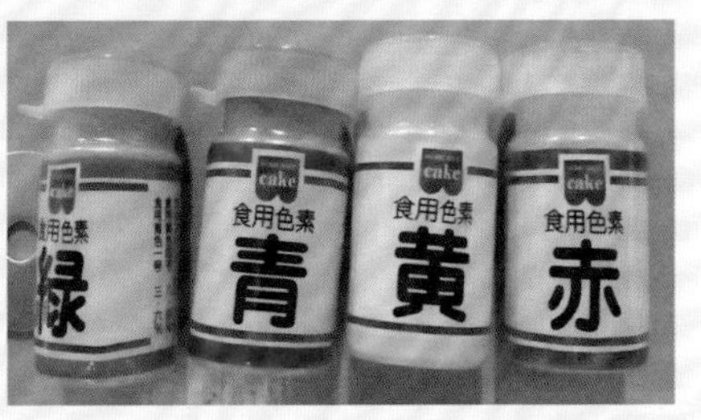

食用色素有許多種不同的顏色，這次實驗要用的是藍色。

注意事項

CMC本身為粉狀，有吸濕能力，要是撒到地板上的話會讓地板變得很滑，請小心不要撒到地板上。

實驗步驟

1. 將糖漿、色素、酸味劑、水混合在一起，做出酸甜酸甜的味道。

2. 在步驟1調製而成的液體內一次加一點CMC，攪拌後馬上就會變成黏稠狀，這樣就完成了。

若想看得更清楚，可將液體倒在淺盤上。這樣便完成了看起來有夠難吃的藍色果醬。

＊我們周遭的黏稠劑

在一般的食品添加物中，黏稠劑是很常用的食品添加物。它的使用方法相當簡單，可以輕易製作出高黏度的黏稠狀液體，價格也很低，故也是學習食品添加物時很棒的教學材料。

若加入調味劑，使其有適當的酸甜味，就可以做出便宜糖果般的味道，讓學生實際體驗如何用便宜的價格簡單製作出果醬般的成品（事實上，也有愈來愈多的便宜果醬是用黏稠劑製作而成）。加入黏稠劑以後，液體馬上就會變成黏稠狀。可以讓學生們將其倒在淺盤上，試著觸摸看看，或者嚐嚐看它的味道，再給學生們看CMC的分子結構，想想看為什麼液體會呈黏稠狀。另外，如果告訴學生們黏稠劑也會用在眼藥水或化妝品上面的話，想必他們也會實際感受到黏稠劑與我們的生活是多麼貼近。

04 基本實驗
以魔法粉末製作速食湯

準備材料

食鹽
味精（Haimi）
松茸香料
熱水
紙杯等容器
（柴魚 ※追加實驗用）

注意事項 分量不對的話，味道會變得很奇怪。請先預做一次實驗測試看看。

實驗步驟

1. 將熱水倒入容器內，加入食鹽使其濃度為1%。

2. 喝一口看看，確認熱水有鹹味。

3. 加入極少量味精，再度確認味道。

4. 加入一滴松茸香料，再度確認味道。

解說

＊鮮味的體感實驗

這個實驗是藉由讓學生們實際體驗五種味覺中，最難以形容的「鮮味」，讓他們感受食品添加物的存在感、必要性，以及其「可以輕易做出味道」的本質。光是加入一些味精，平淡無奇的鹽水就會變成高湯的味道，這種味覺的變化想必能嚇到大部分的學生吧。若再加入松茸香料的話，就會在瞬間變成速食湯般的味道。

另外還可以再做一個追加實驗，就是用柴魚代替味精來製作高湯。雖然調整味道變得相當麻煩，卻可以親身感受到味覺層次的不同，體驗天然食物和人工調味料在味覺上的差異。

這個實驗可以讓學生們實際感受到人類的味覺是如何變化的，可說是個相當不錯的實驗。

附加實驗

味覺遮蔽

準備材料

匙羹藤茶：可在中藥店或網路商店購買。

memo

味精只要加很少的量就有效果了，故在加味精時須注意不要加得太多。要是加太多的話反而會讓人覺得口乾舌燥，並有噁心的感覺。

＊嚐不到「甜」的味道!?

這裡讓我們稍微岔開一下話題，介紹這個與食品添加物較無關係，不過卻與味覺有關，材料取得也相當容易的有趣實驗。雖說是實驗，不過也只是到中藥店之類的地方購買匙羹藤茶，煮沸後喝下，然後再吃甜食而已。讓學生們先嚐嚐餅乾、巧克力、方糖的味道，接著喝下匙羹藤茶之後再嚐一次這些甜食的味道，就會覺得餅乾吃起來像沙子、巧克力吃起來像油一樣，砂糖則像小石頭般，只是個咬起來很硬的東西，可說是相當不一般的體驗。

匙羹藤含有匙羹藤酸，這是一種廣為人知的強力阻斷劑，能阻斷味蕾的甜味受器。將匙羹藤茶葉放入茶包內，燉煮20分鐘以上，再靜置30分鐘之後，就可將匙羹藤內的匙羹藤酸萃取出來，製成匙羹藤茶。將溶有大量匙羹藤酸的茶放入口中含10秒左右再喝下去，甜味的味蕾就會失去功能，暫時感覺不到甜味。

過1個小時之後匙羹藤酸就會分解。若之後沒有要進食的話，喝匙羹藤茶並不會造成困擾。不過這個實驗可以讓學生們實際感受到，所謂的味覺其實是由化學物質所產生的現象。而且有趣的是，人工甘味劑的甜味也會被遮蔽。由此可知，與其說是甜味受器的反應被阻斷，不如說匙羹藤酸會與受器本身結合，且結合得相當緊密難以分離，這個實驗可以讓學生們親身體會到這個假說。

教育重點

＊透過食品添加物，瞭解化學帶給我們的恩惠

說到食品添加物，總有種把食品不需要的東西添加到食品內的印象。這當然不正確，食品添加物是因為確實具有某些功能，才被加進食品內的。透過實際操作這些可加進食品內的化合物，實際演示這個過程，可以讓學生們切身感受到我們的生活中有多少化學帶給我們的恩惠。

雖然這可能聽起來像是廢話，但因為這是要加進食物內的東西，所以除了極少數有嚴格限制用途的添加物之外，幾乎所有的食品添加物都不是劇毒。再加上近年來愈來愈多店家開設網路購物平台，使過去必須一次購買20kg以上的食品添加物才願意交易的商家，也開始販賣1kg以下的小包裝，方便顧客買到各式各樣的食品添加物。部分食品添加物甚至可以在超市或藥局等地方買到，故要實際使用這些東西是非常簡單的事。另外，在網路商店購買時，若一次向同一個業者購買所有需要的產品會比較便宜，故推薦各位將所有需要的材料寫成清單，一次買完所有材料。

＊代表性的食品添加物

作為酸味劑使用的檸檬酸，就是一種容易取得的代表性食品添加物。檸檬酸與抗壞血酸等有機酸在許多地方都買得到，是很優秀的酸味劑。抗壞血酸有另外一個名字，就叫做維他命C，不過令人意外的是，沒有多少人知道這件事。稍微岔個題，電視上常用「幾個檸檬的量」來介紹食品，其實就只是表示加了多少抗壞血酸而已。一茶匙的抗壞血酸約2g＝2,000mg，故相當於100顆檸檬的量。酒石酸、蘋果酸等化合物可以在網路商店訂購，也可以在藥局以食品添加物的形式購入。

在超市等地方也可以看到綠、紅、黃色等色素以烘焙材料的形式販賣，在網路商店還可以看到藍色、紫芋色素、烏賊墨汁色素等天然色素，繽紛的顏色會吸引學生們的目光，讓他們對實驗更有興趣。另外，許多色素在pH改變時顏色也會產生不同變化，這個性質也可以用在其他實驗上。

一般大眾常有甜味劑的熱量是零的印象，但我認為這樣的敘述並不完全正確。在所有被稱為甜味劑的化合物中，有些化合物能夠藉由其分子的立體結構，用最少的分子數讓人類的甜味受器感覺到甜味；有些則是讓砂糖的分子結構轉變成無法被代謝的形式。

而在鮮味的調味料方面，市面上到處都買得到幾乎由純麩胺酸鈉所組成的「味素」。另一方面，柴魚和香菇所含有的鮮味成分，如肌苷酸或鳥苷酸等，皆以5'-核糖核苷酸二鈉的形式，以1kg為單位販賣。就算買不到這些東西也沒關係，可以如實驗步驟中介紹的，用日本味之素公司的「Haimi」來做實驗就可以了。Haimi以一定比例混合了麩胺酸鈉和5'-核糖核苷酸二鈉，調配成味覺層次更為豐富的調味料。

至於黏稠劑方面，可以在超市內找到洋菜粉、片栗粉（馬鈴薯粉）、果膠等產品。將這些東西溶解於加熱後的溶液，待其冷卻後，液體就會凝固成黏稠狀。實驗中所介紹的CMC就是纖維素類的黏稠劑。

其它的食品添加物如乳化劑、香料等，皆可輕易於網路商店上購得，讓學生們進行各式各樣的體驗與學習。

＊適合用來做實驗，容易取得的食品添加物

- 酸味劑…檸檬酸、酒石酸、蘋果酸、抗壞血酸、醋酸等
- 色素…食用黃色4號、食用藍色1號、食用紅色6號、梔子花色素、天然色素等
- 甜味劑…糖漿、代糖、糖精、甜菊甜味劑等
- 鮮味調味料…麩胺酸鈉、肌苷酸鈉、鳥苷酸鈉等
- 黏稠劑…果膠、片栗粉（精製澱粉）、CMC、糊精等
- 抑菌劑、防腐劑…甘胺酸、山梨酸鉀等
- 乳化劑…聚山梨醇酯、卵磷脂、乳化蠟（聚乙二醇、聚氧乙烯醚）等
- 香料…香草香料、檸檬香料、草莓香料皆可在超市內找到，亦可於網路商店購買到各式各樣的香料

手作本格派
氮氣雷射

Nitrogen laser

難易度 ★★★★★

對應的教學大綱
- 科學與人類生活／人類生活中的科學
- 物理基礎／各種物理現象與能量利用
- 物理／電場與磁場

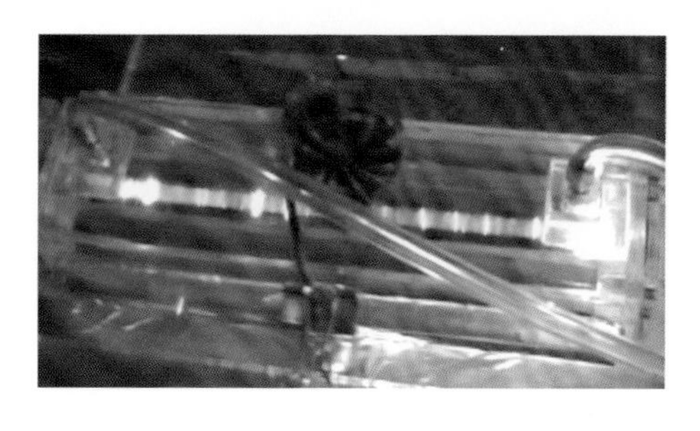

一般來說，需要滿足相當嚴苛的條件才能製造出雷射光。不過這個實驗可以讓學生親手製作出能產生雷射光的機器。如果讓學生們親眼看到雷射振盪的過程，他們一定會看得目不轉睛！

雷射可說是高科技的代名詞。本實驗將從零開始組裝出雷射裝置，引起學生們對雷射振盪原理的興趣，並幫助他們理解其原理。

氮氣雷射是一種可以完全自行製作出來的雷射裝置。因為氮氣雷射的增幅效果比其它種類的雷射還要大很多，故自製的精密程度便足以激發出振盪雷射光。

大多數的雷射裝置都需要用到經過極高精度的研磨、電鍍而成的共振鏡，其反射率須在99.99%以上，幾乎百分之百完全反射才行。同樣是氣體雷射的氦氖雷射，需要使用反射率99.99%的反射鏡，以及99.9%反射、0.1%通過的半反射鏡，也就是說，須打造出幾乎不會讓光線洩漏到共振器外面的環境，這是個相當困難的任務。一般來說，要是沒有達到這樣的條件，就沒辦法產生雷射。不過因為氮氣雷射有相當大的增幅效果，不需要精度那麼高的反射鏡就可以產生雷射。也就是說，氮氣雷射不需要其它雷射裝置的共振器，也不需要用到精度那麼高的鏡子，只要普通的鏡子就可以了。

和其它實驗比起來，這次實驗的難度比較高，不過使用的器材，像是電視的回掃變壓器、迴轉式幫浦、可在大型居家用品店找到的壓克力板、不鏽鋼尺、鋁箔、PET膜等，都不會很難取得。

從雷射發明至今已過了五十年以上，沒想到現在已經可以自行DIY製作雷射裝置了，實在讓人有很深的感慨。

基本實驗

DIY氮氣雷射

準備材料

PET墊：厚度約等同於手工藝所使用的塑膠墊，幾百元就可以買到很大一張。

鋁箔：一般的鋁箔紙即可。

不鏽鋼尺：在生活百貨就可買到，30cm左右的尺即可。

壓克力板：數mm厚的堅固壓克力板即可，可在角料店之類的地方買到。不過壓克力的裁切有些困難，可將需要的大小告訴大型居家用品店的人員，請他們幫忙裁切。

小鏡子、玻璃片 各1個：如P97的圖所示，只要一小塊即可。

回掃變壓器：拆解映像管電視取得，或者可在網路拍賣購得。若要拆解電視的話，請在拔掉電源後靜置兩個星期以上，待靜電完全消失後再行拆解。

較粗的金屬線：建議使用鋁金屬線，易加工且不易生鏽。可作為扼流圈的材料。

空氣耦合器 2個：可以在大型居家用品店的壓縮機專區購得，是控制高壓氣體流入的氣閥。

迴轉式幫浦：可用來製作真空幫浦，是很常見到的裝置，在網路拍賣上尋找，約數千元左右就可買到。

強力黏著劑（Araldite等）、透明膠帶

從映像管電視上拆解下來的回掃變壓器。

空氣耦合器。

注意事項 小心不要觸電！回掃變壓器原本輸出的電流並不大，要是被電到的話頂多會從指尖放出電弧，造成灼傷而已。但如果回掃變壓器與氮氣雷射相連，在充飽電的狀態下就有可能釋放出強烈的電擊。在架設雷射裝置本體的過程中，有可能會突然出現放電現象，可以的話最好請有操作過高壓電裝置的人在旁邊指導。另外，絕對不要直視雷射。

實驗步驟

1. 將鋁箔平鋪在塑膠墊上，不超出塑膠墊的範圍。

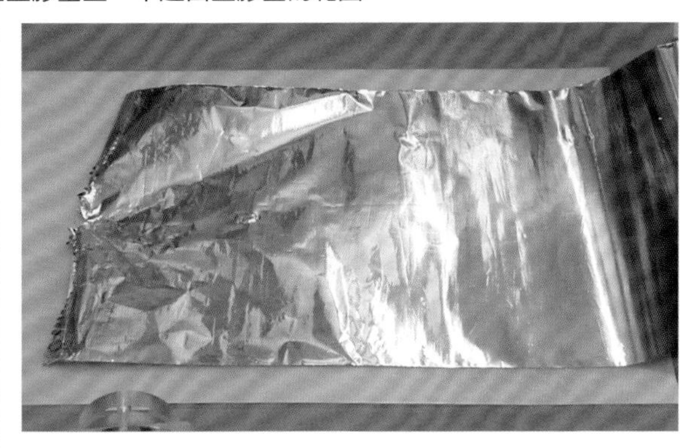

2. 為了防止漏電，將鋁箔的四個角摺成圓角。

3. 翻面，將這個鋁箔當作陰極。

實驗步驟

4. 另一面則貼上兩個略小於塑膠墊一半的鋁箔，與步驟2一樣，將鋁箔的四個角摺成圓角。

5. 參考下圖，組裝氮氣雷射裝置的本體。本體的左右兩邊各設置一個不鏽鋼尺，作為電擊突出於本體。空氣耦合器則與抽出空氣的真空幫浦連接。

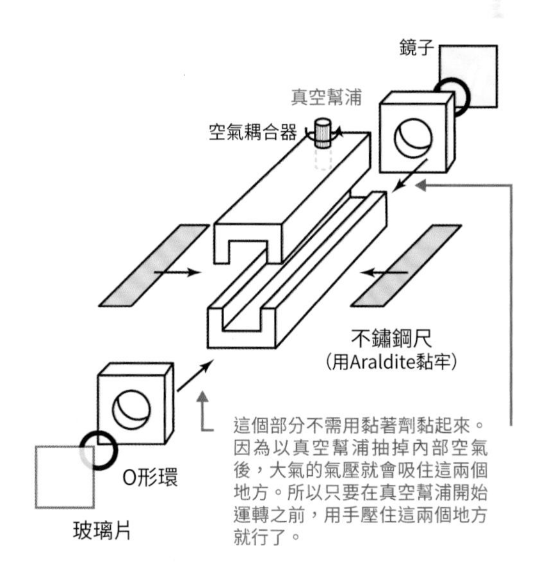

實驗步驟

6. 前後兩端的其中一端裝鏡子，另一端則裝普通的玻璃。接著用迴轉式幫浦抽出空氣，降低內部的空氣壓力，使鏡子等吸在裝置上，這樣就不用另外用黏著劑固定了。運作時，雷射會從玻璃這端發射出來。

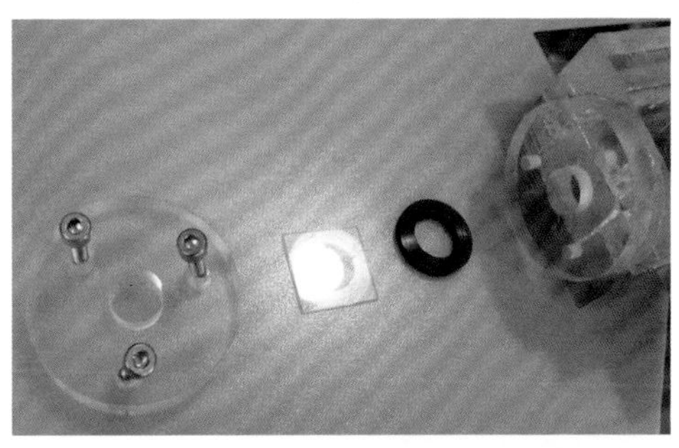

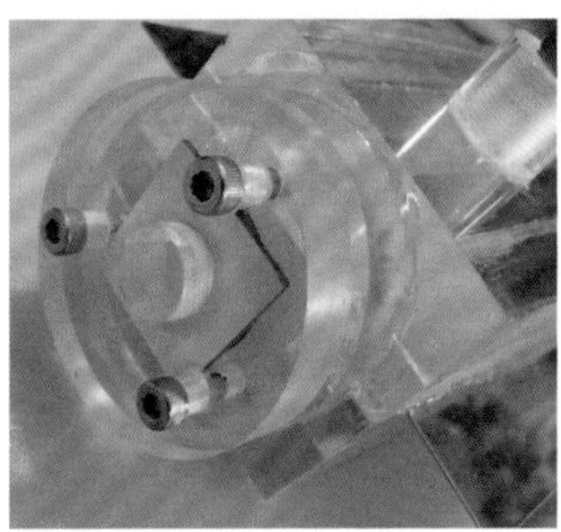

照片中的裝置看起來很高級，其實做得更簡樸也沒問題。

7. 注意不要讓從左右兩端插入的不鏽鋼尺彼此接觸。

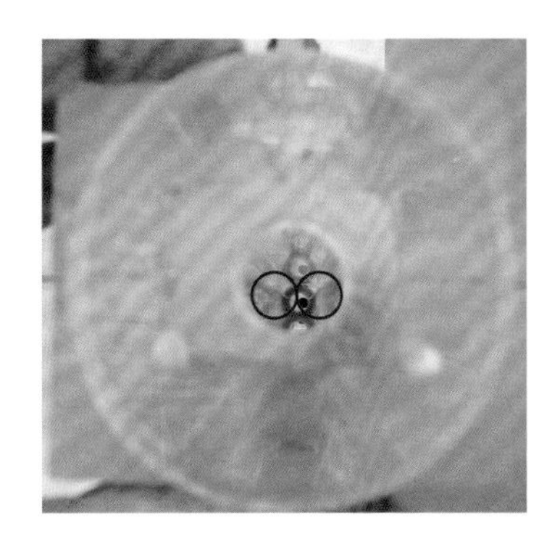

實驗步驟

8. 本體組裝完成後，將鋁箔用導電鋁箔膠帶如照片所示固定好。

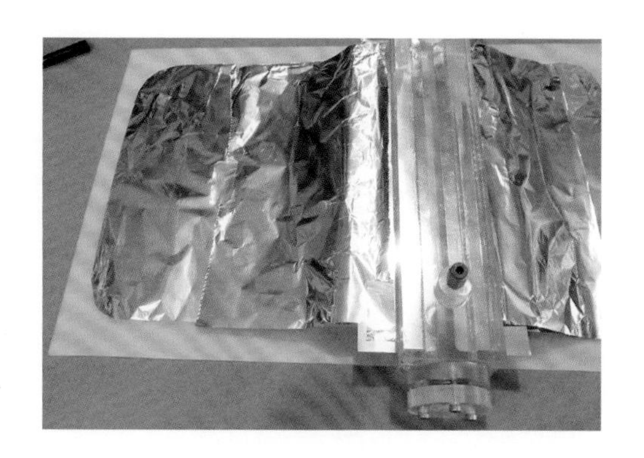

9. 將鋁製金屬線纏繞在筆上，如照片所示做成扼流圈。纏繞圈數可隨意決定。

10. 將扼流圈橫跨於兩張鋁箔之間。

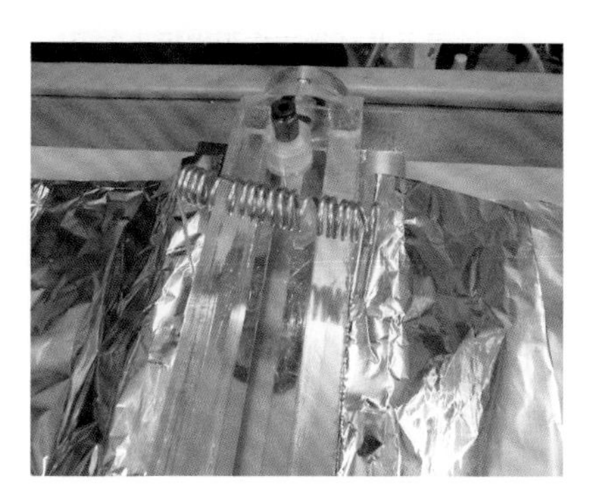

實驗步驟

11. 將空氣耦合器接在迴轉式幫浦上面。

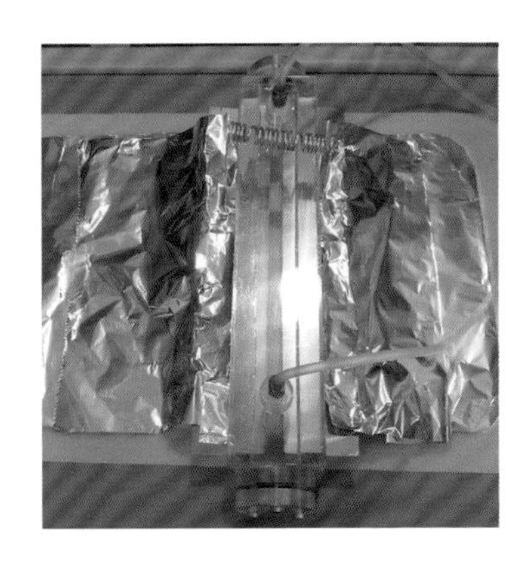

12. 參考102頁中所列出的整體線路圖，以導線連接各個部分。在確認過沒有人觸摸之後，開啟電源，開始運作。將裝置內部的壓力減低到一定程度時，裝置內便較容易出現膜狀放電。實驗時請注意不要讓雷射直射眼睛！

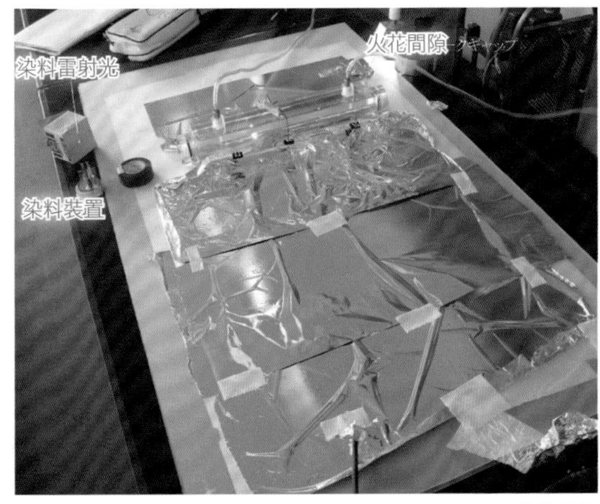

裝置的整體圖。如果鋁箔紙不夠大的話，可以用透明膠帶等拼接在一起。

—＊. 也可以激發出染料雷射！

＊重點在於高壓電產生裝置

請參考插圖與照片，組裝出這次實驗使用的雷射裝置本體。裝置的氣密性相當重要，故請使用Araldite（AB膠）等強力黏著劑將所有縫隙全部填滿、黏牢。

這次實驗所用到的不鏽鋼尺、壓克力板、鋁箔等，都是我們身邊常見的材料。然而作為雷射裝置的心臟，用來激發雷射的電源，卻需要能產生高壓電的裝置。就氮氣雷射的條件而言，會需要能產生1萬伏特以上的高壓電電源，可以的話，最好能將電壓提高到1～5萬伏特左右。霓虹燈變壓器與回掃變壓器比較方便取得，不過這個實驗中需要直流輸出，故用回掃變壓器會比較適合。

我們可以試著找找看現在已很少看得到的映像管電視，並從中拆解出高壓零件作為本實驗的高壓電源使用。電視內部藏有可以驅動回掃變壓器的逆變器迴路，故不須經過複雜的改裝，就可以用作高壓電源（回掃變壓器的結構可參考「UZZORS2K」http://uzzors2k.4hv.org/ 網站內的介紹，有興趣的人請務必參考看看）。

順帶一提，這次的實驗中最需注意的地方就是觸電問題。回掃變壓器輸出的電流並不大，一般來說並不會有致死危險，頂多在觸電的時候會從指尖放出電弧，造成灼傷而已。不過如果將它接上氮氣雷射裝置的話，情況就不一樣了。氮氣雷射裝置在結構上含有電容，若操作者在電容充電狀態下觸電，會承受到相當強烈的電擊。

另外，在架設雷射裝置本體的過程中，有可能會突然出現放電現象，可以的話最好請有操作過高壓電裝置的人在旁邊指導。

＊脈衝功率電路的機制

要驅動氮氣雷射，會用到所謂的脈衝功率電路。若將能量瞬間注入狹小區域，即使能量不多，也可以產生極大的反應。本實驗的氮氣雷射正是一種脈衝功率電路，這個電路會在被稱作雷射通道的兩個電極間，注入MW等級的電能。這種方法又被稱為高壓電脈衝功率電路，能巧妙運用到電容與電感的性質，產生很大的尖峰功率。

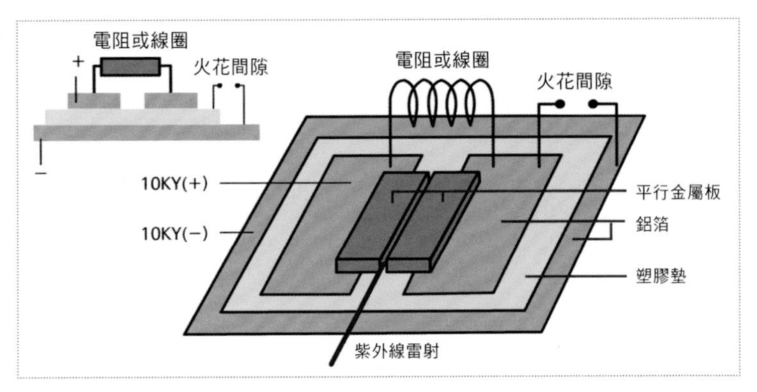

大致上的構造如圖所示，其實並不複雜。只要有抓到重點，就算製作上精度不夠高，也可以順利運作。不過在運作時絕對不要觸碰裝置!!

氮氣雷射的電路本身相當單純，僅由一張平面絕緣板和三張鋁箔組成。PET墊或壓克力等塑膠材質的平板皆可當作平面絕緣板使用，不過只要是可承受電壓夠大、耐得住尖端放電造成的傷害的材質，都可用來當作這裡的平面絕緣板。

這次的氮氣雷射裝置中，用鋁箔將絕緣板夾在中間，從電路的角度來看就像是一個電容一樣。裝置內由兩個這樣的電容所組成，若其中一個電容因短路而使電壓劇烈降低，另一個電容的電荷便會瞬間移動過去。這麼一來，雷射電極間就會產生強烈的放電，激發電極間的氣體分子。當激發能量充足，受激發射能量超過自發發射時，就會產生雷射光。

大氣內就含有相當充足的氮氣，故裝置運作時會將空氣以每分鐘不到1L的速度緩緩導入。這個狀態下，可藉由真空幫浦或抽濾管等裝置調整其壓力，若能產生均勻的輝光放電就表示成功了。氮氣的導入可藉由上方的空氣耦合器進行。空氣耦合器有兩個，一個用來減壓，另一個則用來導入氮氣。

這時如果過度減壓的話，原本應該呈現銳利膜狀的放電現象，就會變成模糊不清、如極光般的放電。若希望提高受激發射的密度，就應該讓放電情況如下方照片般，呈現膜狀放電的樣子。

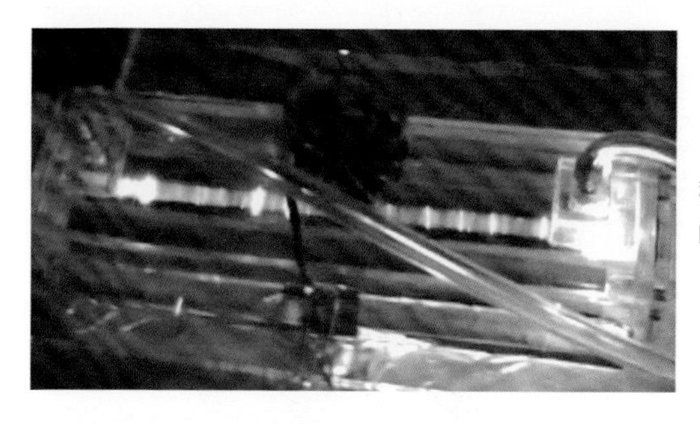

穩定運作時可以看到的膜狀放電。

＊氮氣雷射可以用一般鏡子當作共振器的原因

氮氣雷射就算用比較沒那麼精密的鏡子當作共振器，也不會有很大的問題。就算沒有共振鏡也可以產生雷射，故對於反射鏡的要求並不高。因為只要光在共振器內來回一次，就足以產生受激發射。

這裡要注意的地方是，光在反射回共振器時，強度會變成原來的2倍以上。一般來說，同樣強度的光重疊在一起後，應該只會變成原來的2倍才對，但在雷射裝置內就不是這樣了。因為光回到共振器時，會與激發態的原子反應，產生受激發射。若提升光回到共振器後產生受激發射的機率，就可以得到2倍以上的強度。

＊使裝置能均勻放電的建議

氮氣雷射裝置中，最重要的就是產生均勻的輝光放電。輝光放電是紫色的帶狀放電，並不會非常刺眼炫目。這次的實驗中，若產生集中在單一位置的弧形放電，且伴隨著強烈閃光的話，就表示高能量區域只集中在很小的範圍，無法提供足夠的雷射振盪。

有數種方法可以促使氮氣雷射產生輝光放電，介紹如下。

＊減壓

這是最簡單的方法。為了不產生弧形放電，將內部氣體壓力降至最低，使其轉換成輝光放電的方法。氣壓下降時，會讓激發態原子的數量變少，輸出降低。用實驗室的迴轉式幫浦減壓數十秒就可以了。這次的實驗也可以用這種方法驅動。

＊加入氦氣

氦氣是非常容易放電的氣體，可以簡單做到輝光放電。另外，當氣壓在一大氣壓以上時也可以作用，故可以有很高的輸出。不過因為價格很高，使用過後又不能回收，似乎有些浪費。

＊預備電離

在電極間的主放電開始之前，用預備電極、紫外線、X射線等方式，先在電極間產生初期電子（自由電子）。雖然會使雷射結構變得比較複雜，但可在不使用氦氣的情況下達成輝光放電，是個很有效率的方法。

＊試著開始產生雷射光

氮氣雷射的波長為337.1nm，人類的眼睛幾乎看不到。照到皮膚時，看起來像是藍白色的光點，還會有一點偏黃。這是因為雷射光激發了皮膚上的某些成分，才產生了這樣的顏色。用這種雷射光照射印刷用紙時，會產生強烈的藍色。這個藍色並不是氮氣雷射的顏色，而是紙張含有的螢光漂白劑。

337.1nm這麼短波長的雷射，居然可以用這麼簡單的裝置產生出來，實在相當難得，故也可以用來進行各種螢光實驗。

＊染料雷射

所謂的染料雷射，是以酒精等溶劑溶解羅丹明、香豆素等螢光色素製成雷射媒介，藉此產生的一種液體雷射。一般染料雷射會使用有機色素作為媒介，由於是將這些螢光物質以有機化學的方式激發，故可以任意改變其被激發後所釋放出來的光波長。將羅丹明系列、香豆素系列的螢光色素稍加改變，可以產生出從藍光到紅光的所有可見光雷射光。這是其他種類的雷射所看不到的特徵，可在螢光分析領域中發揮很大的用處。

產生染料雷射的方法非常簡單，將色素放入玻璃管內，將氮氣雷射光集中在液面與玻璃面的交界上。重點在於不是讓雷射光集中在一個點上，而是要將其調整成線狀。若想將其調整成線狀光線，必須用到名為圓柱透鏡的扁平狀透鏡。線狀光線可以激發色素分子，使色素分子沿著線軸的方向產生受激發射，射出雷射光。

這種雷射光的強度看起來甚至比雷射筆還要弱，然而其尖峰功率卻非常高，用照相機拍攝的話甚至會使CCD受損。另外，雷射光照到眼睛是相當危險的事，因此我們必須十分小心漫射所產生的反射光。

＊雷射究竟是什麼呢？

雷射（LASER）這個字是（Light Amplification by Stimulated Emission of Radiation）的首字母縮寫，這個應該很多人都知道吧。現在雷射雖然已不是什麼稀奇的技術了，但仍被當作高科技的代名詞之一。雷射技術本身在半世紀以前就已被開發出來，然而剛開發出來的雷射裝置卻不是用半導體製成，而是用更偏向類比的方式產生出來的物理現象。

這裡讓我們簡單介紹一下雷射振盪的產生原理吧。雷射是將受激發射的光增幅後所產生的光線，故須先從外部注入能量，將原子、分子轉變成激發態，待其由激發態降回基態時，中間的能量差距就會以電磁波的形式釋放出來。當這個電磁波經過附近的激發態原子、分子時，亦會刺激其釋放出相同波長、相同方向的電磁波。這些電磁波全部重疊在一起時，便成了雷射光。

目前已知固態、液態、氣態物質都可以產生雷射，發出各種振盪波長。不過，氣體雷射幾乎都只能在接近真空的狀態下運作，就光線密度層面來說表現較差。這可以當作是因為氣體原子密度較低的關係。因此，幾乎所有雷射裝置都會使用精度較高的鏡子，讓光線來回反射，得到我們所看到的雷射光。

而這次實驗中製作的氮氣雷射如其名所示，是利用氮氣作為媒介產生雷射的裝置。空氣中含有大量氮氣，故只要有減壓幫浦，就可以得到適合的雷射介質了。在大氣壓力的作用下，裝置外的空氣密度遠高於裝置內減壓的空氣，故可固定住裝置。接著再將能量注入裝置內，就算有許多能量逸失、就算沒有精密的鏡子也沒關係，只要能量夠大，就能產生我們觀察得到的雷射。

＊氮氣雷射與化學的關係

氮氣雷射的特徵，就在於可以在極短的時間內產生很大的尖峰功率。調整精良的氮氣雷射，可以控制其發光時間在數百皮秒內。

為了在瞬間產生極大能量，尖峰功率可以達到數百kW到數MW。雖然尖峰功率很大，但打一次雷射光的總能量相當低，大約只有10mJ左右而已。但不用說，這畢竟也是雷射光，故一定要注意不能照到眼睛。

另外，氮氣雷射的雷射光是在紫外線區域，可以使螢光物質發光。當雷射光打到一般的紙張上時，會激發紙張上的螢光劑分子，使其釋放出藍色光。也就是說，我們可以利用雷射激發特定色素發出光線。化學領域中，田中耕一先生靠著基質輔助雷射脫附游離法獲得諾貝爾獎，便與這種雷射有關。教師們可以在課堂上談談這段故事。

Experiment 實驗 No.09

看到眼睛看不到的東西！輻射線

Radiation

難易度 ★☆☆☆☆

對應的教學大綱
- 物理基礎／各種物理現象與能量利用
- 地球科學基礎／變動的地球
- 地球科學／宇宙的結構

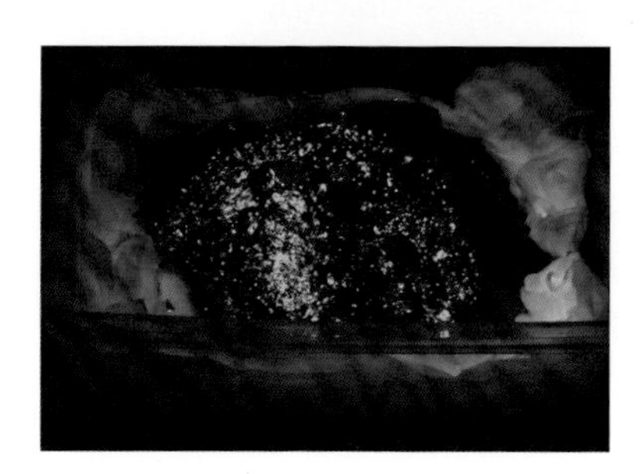

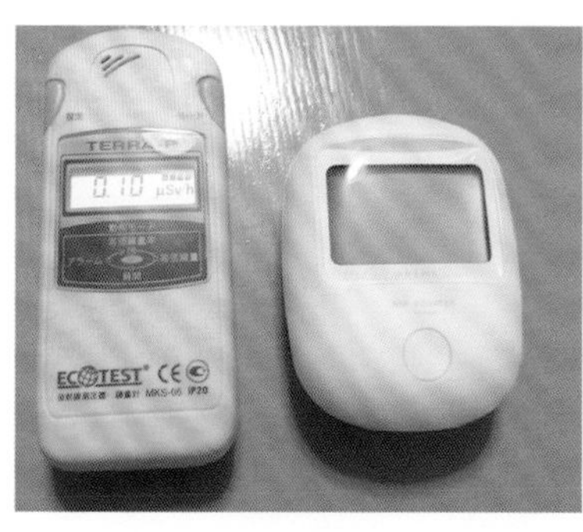

原本人們必須靠雲室等大型裝置才能進行輻射線測定實驗，現在已經可以由更簡便的裝置測量出輻射線。以下將一次介紹如何用這些裝置，提升學生們對輻射線的興趣，以及如何解說其原理。

實驗目的

γ射線為電磁波（波長較短的光）的一種。本實驗目的在於讓學生瞭解到，即使這種光人類看不到，也可以用偵測光線的機器測得。

日本2012年的教學大綱中，「輻射線教育」佔了很大的篇幅。在福島第一核電廠事故之後，愈來愈多人開始關心輻射線教育……雖説如此，但要説明看不到實體的輻射線並不是件容易的事，讓許多教師們感到相當困擾。另外，如果在學校介紹輻射性物質的話，還可能會有學生家長拿著電視等媒體上看來的偏見，向教師們抱怨學校教得不對。

讓學生們「看到」不同輻射線（α射線、β射線、γ射線）的差異，是非常困難的事。事實上，若希望能用眼睛看得到的形式表現出它們的差異，必須使用名為雲室的裝置，讓學生們觀察輻射線在雲霧中運動的樣子才行。然而，這樣也只能讓學生們感覺到有眼睛看不到的力量在運動，與對每種輻射線本質的理解仍有一段距離。而且，使用雲室時需要用到很大的乾冰或液態氮，準備起來相當費工夫。

我們極需某種不需使用那麼誇張的裝置，就可以讓學生看到眼睛看不到的東西的方法。

基本實驗

01 以網路攝影機製作簡單的輻射線探測器

準備材料

網路攝影機：幾百元左右的基本款即可。

黑色膠帶：用來遮住攝影機的鏡頭。

鐳球、鈾礦石等輻射線源：鐳球可在網路上購得。鈾礦石可以在礦物展、礦物市集等地方買到。特別是「瀝青鈾礦」產生的輻射相對穩定，相當適合做實驗。也可以用露營時使用的瓦斯燈的燈芯（mantle），或者是TIG焊接時所使用的焊條，兩者皆含有釷。

電腦：請預先下載安裝影片播放軟體「VLC media player」。

memo

鐳球是一個泛用的商品名稱，有些鐳球並不會釋放出輻射線，請仔細閱讀説明書後再購買。另外，材料少的話產生的輻射量就會過少，故請準備一定分量的材料。

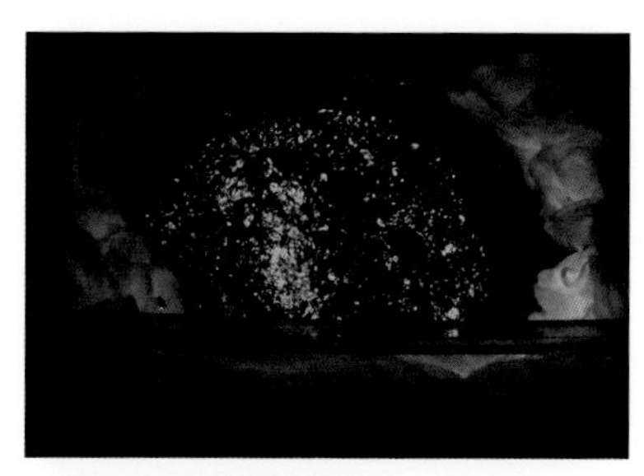

可以用鈾礦石之類作為輻射線源。圖為黑光燈下發光的鈣鈾雲母。

黑色膠帶。

市面上販賣的網路攝影機。

瓦斯燈。

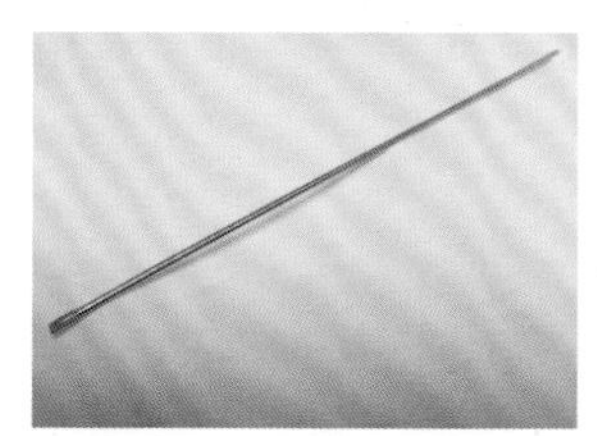

TIG焊條。

若使用的是鈾礦石作為輻射線源，實驗後請將手清洗乾淨，並注意不要吸入粉塵、不要誤食。

實驗步驟

1. 在攝影機的鏡頭前貼兩層黑色膠帶，遮住光線。連接電腦，設定好影片播放軟體。

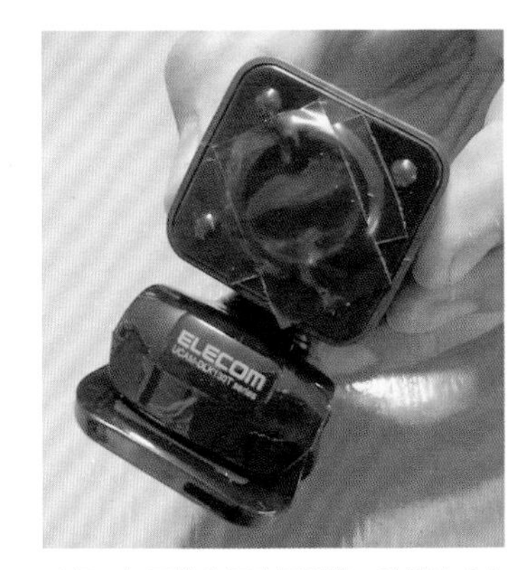

貼好黑色膠帶的網路攝影機。雖然敏感度會下降，但不會造成太大問題。

2. 靠近輻射線源。
3. 畫面上會出現雜訊般的白點，這就是我們的觀察目標。

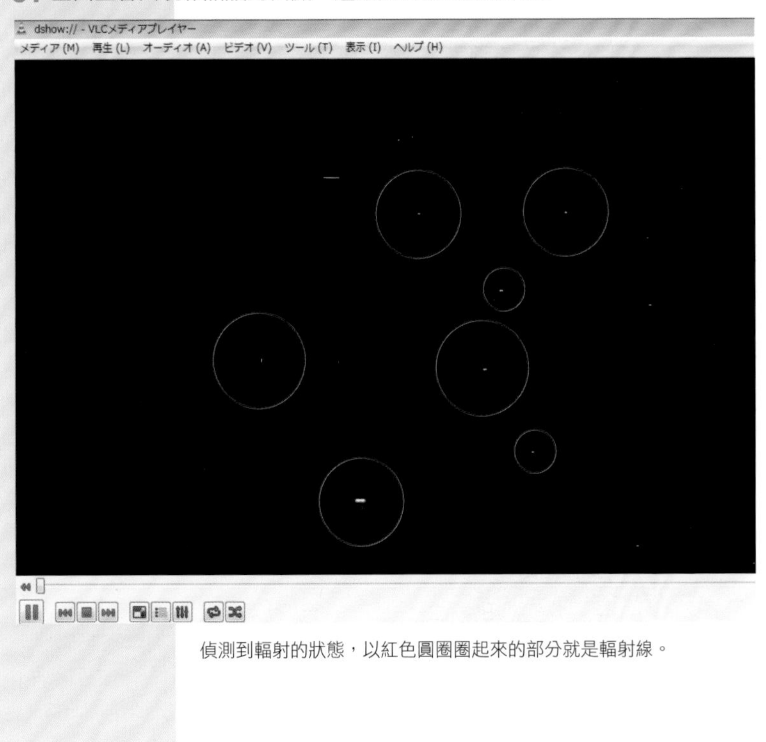

偵測到輻射的狀態，以紅色圓圈圈起來的部分就是輻射線。

＊親眼看到的意義

一般我們會用蓋革計數器或閃爍體探測器來偵測輻射線。不同偵測器用的單位也不一樣，包括CPM、μSv/h、μR/h等等。如果只是要檢測是否有輻射線的話就很簡單了，甚至可以用我們周遭的東西做實驗。不過，實際上檢測得到的只有γ射線，而且只會有數值，就算把檢測數值拿給別人看，問別人「你覺得怎麼樣？」也沒什麼實感。

因此本節介紹的是如何用容易取得的CCD攝影機等影像零件，製作出輻射線檢測器，讓學生看到輻射線。現在包括手機、筆記型電腦、平板電腦等裝置都裝有攝影機，非常容易取得。故本實驗便嘗試改造這類攝影機，使其能檢測到輻射線……其實也談不上什麼改造，基本上只是將攝影機的鏡頭貼上兩層黑色膠帶，將可見光遮住而已。

不過，若是想提高成品的敏感度的話，則必須將攝影機稍微分解、改造。特別是一般攝影機為了提高鏡片的折射率，通常會使用鉛玻璃製作透鏡。鉛的密度很高，對輻射線的遮蔽效果很強。另外，為了使其更堅固，一般攝影機內部通常會裝有厚金屬板，這也可能會遮蔽輻射線。

因此，製作輻射線檢測器時，可以購買便宜的網路攝影機，並依以下照片分解，直接以黑色膠帶貼住CCD的部分，遮蔽可見光，製作出高敏感度的檢測用攝影機。

要是把攝影機拆開，拿掉透鏡的話，就會失去原本攝影機的功能，故只要使用幾百元左右的便宜網路攝影機即可。

memo

網路上找得到許多在福島第一核能發電廠發生事故之後所拍攝的照片，在可觀測到強烈輻射線的地方所拍攝到的照片，會因為輻射線的關係而拍攝到許多雜訊。教師們在教授這個實驗時可以順便提到這點。

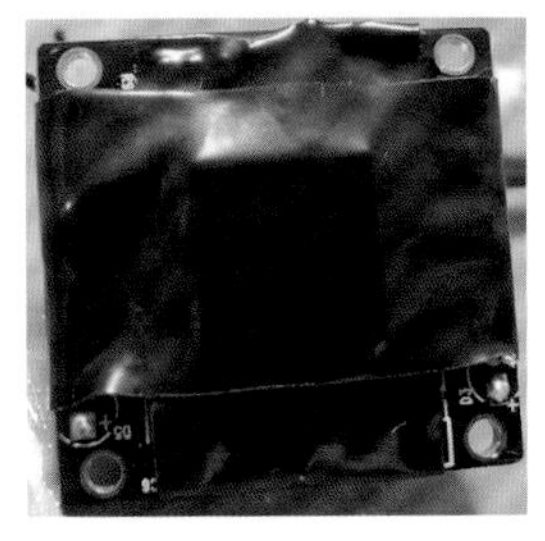

直接將黑色膠帶貼在正中間的CCD上。

還有更簡單的方式，就是把手機或筆記型電腦上的攝影機貼上黑色膠帶，也可以用來拍攝輻射物質。當然，它的敏感度就沒有那麼好了。考慮到一般易取得的輻射源並沒有那麼強，還是使用敏感度較高的攝影機會比較好。

＊輻射源的取得

在輻射源的取得方面，從網路商店購買鐳球，是最方便快速又安全的方法。

除此之外，還有好幾種可以用便宜的輻射線檢測器檢測出來的輻射源，這些產品多是以釷作為輻射來源。像是露營時所使用的瓦斯燈，以及TIG焊接時所使用的焊條就是如此。釷所產生的α射線的電離作用有許多用途，故在網路商店上即可輕易購得。釷衰變後的核種會放出γ射線，檢測器便可檢測到這種γ射線。另外，舊型時鐘的蓄光部分有時會含有鐳，故也可以當作輻射源。

＊軟體設定

就算把外殼拆掉，攝影機還是攝影機，直接用USB連接到電腦就可以使用了。

連接上攝影機後，開啟「vlc」這個影片播放軟體，調整對比，使其容易拍攝到輻射線。「vlc」有windows用和MacOSX用等各種版本，可以裝在各種系統上，且網路上也可以免費下載，故請在做實驗前將軟體下載下來安裝完畢。

設定時，請依照「工具」→「特效與過濾器」→「視訊特效」的順序，將影像調整打勾，調整各個參數。這次實驗中，可將「色相」、「亮度」、「飽和度」調到最左端，將「對比」、「Gamma」調到最右端，在這種極端設定下，才有辦法檢測出輻射線。雖說如此，不同的攝影機可

的攝影機可能需要將參數調整成不同數值，請試著將參數調整成各種數字，找出適合用來檢測的設定。

*檢測

因為用黑色膠帶遮蔽了可見光，所以電腦上看到的畫面基本上是一片黑。不過，將輻射線源靠近攝影機之後，畫面上就會出現一個個白點。白點數量會隨著輻射線源的強度而改變。

用vlc拍攝時，可以檢測到雜訊般的白點，這就是輻射線。有時候會看到線狀的白色雜訊，這是因為有γ射線橫向射入攝影機，使多個像素檢測到γ射線的關係。

有時候就算離輻射線源很遠，也檢測得到些微的訊號，這可能是攝影機內部產生的雜訊造成，或者是宇宙射線造成。

基本實驗

02 隨距離增加而衰減

準備材料

個人用輻射檢測器Air counter：考慮到預算，推薦由S. T. Corporation生產的產品，約1,000多元便可購得。

前一個基本實驗中用到的輻射線源：若使用的是S. T. Corporation生產的輻射檢測器，由於其檢測上限為10μSv/h，故須調整輻射線源的量，使其在檢測器貼緊輻射線源時偵測到9.99μSv/h。

尺：用來測量距離。

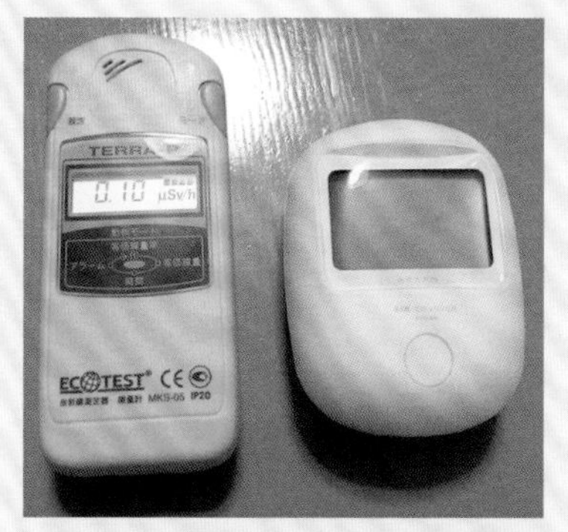

市面上販賣的輻射檢測器。左邊為烏克蘭的ECOTEST公司生產的TERRA，右邊則是S. T. Corporation的產品。TERRA的檢測速度非常快，若預算夠的話可以買這台。

實驗步驟

1. 將檢測器緊貼著輻射線源測量。

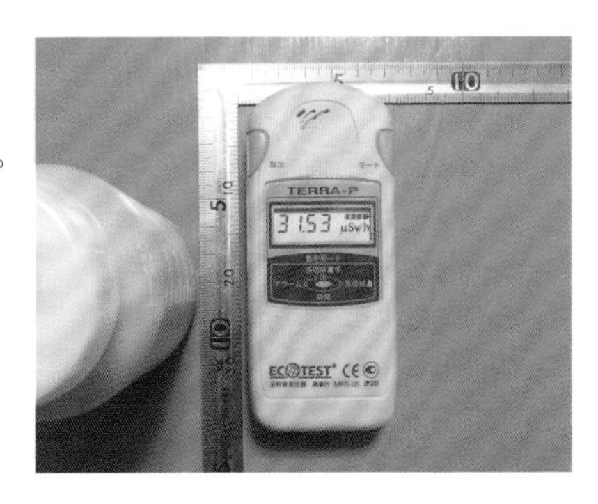

2. 將檢測器逐漸拿遠，每5mm測量一次輻射量。

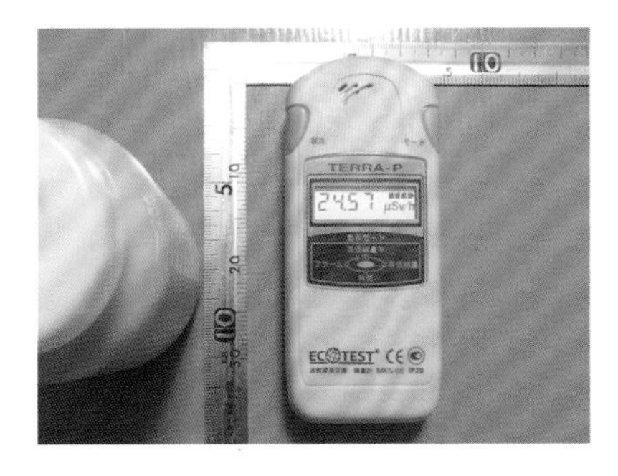

3. 可以發現輻射量的數值與距離的平方大略成反比。量到檢測器的數值低到0.5～1μSv/h為止，將距離與測量數值的關係畫成圖。

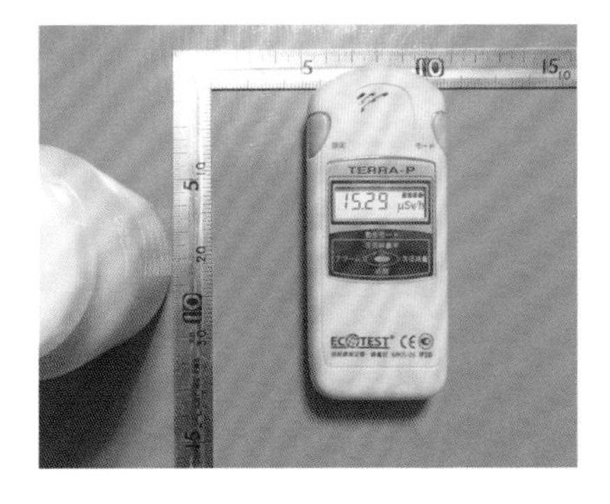

memo

市面上的各種輻射檢測器中，S. T. Corporation生產的Air counter是最便宜的產品。不過Air counter也會偵測到鈽所產生的β射線並納入計算，故測得的輻射量數值可能會與其他公司的產品有所差異。

實驗步驟

＊. 若準備的輻射線源很強，並使用高敏感度的檢測器的話，實驗便可很快結束。

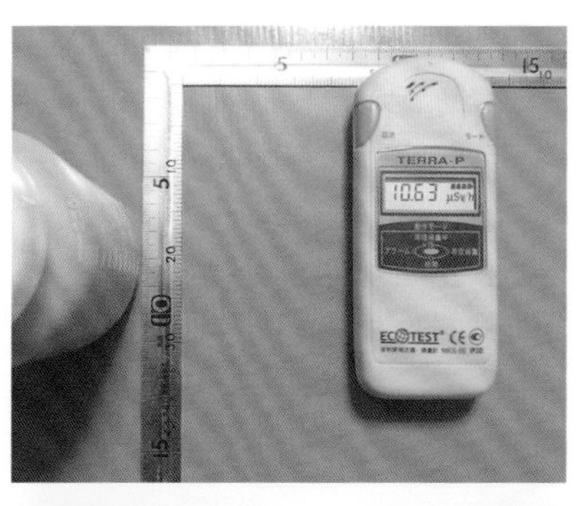

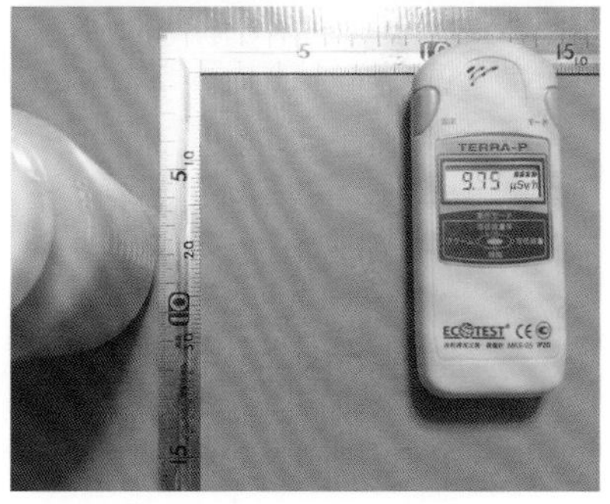

＊輕便型輻射檢測器的實力

核電廠事故後，S. T. Corporation開始發售個人用的輻射檢測器Air counter。就輻射線檢測器來說可說是破盤價，現在只要1,000多元左右即可購得。我們可以用這種裝置，觀察到隨著距離拉長時，輻射線也會跟著減弱。

Air counter是γ射線專用的檢測器，使用半導體作為檢測元件。價格便宜是一大優點，不過它也有好幾個缺點。首先，它的檢測元件非常小，可檢測的面積約只有1cm^{2}左右而已，測定時間也比較長。如果放射線強度有5μSv/h左右的話，大概只要花1分鐘就可以測到數值，但如果在1μSv/h以下的話，就需要數分鐘才行。

Air counter還有一個缺點，就是較不耐碰撞。整體而言，半導體檢測

器通常都不太耐碰撞，受碰撞後很可能會測到錯誤數值。從開始測定到測定結束為止，原則上最好都靜置於同一個地方，不要用手觸碰。若能接受這兩個缺點的話，這種檢測器可說是精度不差，而且很好用的儀器。

S. T. Corporation的Air counter的測定數值上限為10μSv/h，實驗時須準備足夠的輻射源，讓檢測器在緊密貼著輻射源時可以測到這個數字。實驗者可以調整鐳球的數目，使檢測器在距離為0時測到9.99μSv/h。接著慢慢拉開輻射源與檢測器的距離，每拉開5mm測量一次數據，直到Air counter測到的數值為0.5μSv/h為止。接著再將距離與輻射測定數值畫成圖，應可得到漂亮的平方反比關係。

如果測定的是γ射線的話，可以用實驗簡單演示出輻射強度會隨著距離增加而減弱，但如果測定的是α射線或β射線就比較困難了。因為這兩種射線在空氣中的衰弱現象相當顯著，不只是距離，當這兩種射線撞擊到空氣分子時也會衰弱。而且α射線和β射線都帶有電荷，容易被磁力和靜電力改變其前進路線，故比較難測出輻射強度與距離的平方反比關係。

教育重點

＊實際感受到眼睛看不到的世界

向學生說明這次實驗中自製檢測器的畫面時有個重點，那就是一定要提到γ射線是一種波長比可見光還要小很多的電磁波，故γ射線可穿過會吸收可見光的黑色膠帶。輻射線中穿透力最強的γ射線，與拍X光照時會用到的X射線是波長差不多的電磁波（光）。將太陽光進行分光後會出現彩虹般的光譜，紫外線在紫光之外，而這兩種輻射線則是在比紫外線更外面的地方，這點也可以在實驗教學時一併提到。讓學生們認識到這就是「看不到卻存在的光」，是一件很重要的事。

同時，如果能再提到為什麼紅外線可以讓桌爐變得更溫暖、紫外線會穿透皮膚表面到達皮膚深處、X射線與γ射線的波長有重疊，它們同樣是電磁波，為什麼可以讓感光底片產生反應……之類的話題，就可以讓學生們理解得更深入。

另外，為了讓學生們實際感受到攝影機拍到的世界，和我們眼睛所看到的世界有所不同，可以用網路攝影機或手機的攝影機拍攝遙控器，在拍攝同時按下遙控器的開關，便可拍到遙控器發射出我們肉眼看不到的紅外線訊號。如果在實驗前先實際演示出這個實驗，想必能加深學生的印象。

透過攝影機拍攝的遙控器，可以拍到肉眼看不到的紅外線。

Experiment 實驗 No. 10

由防曬乳的製作認識紫外線

Ultraviolet

難易度 ★☆☆☆☆

對應的教學大綱 物理基礎／各種物理現象與能量利用

科學與人類生活／生命科學

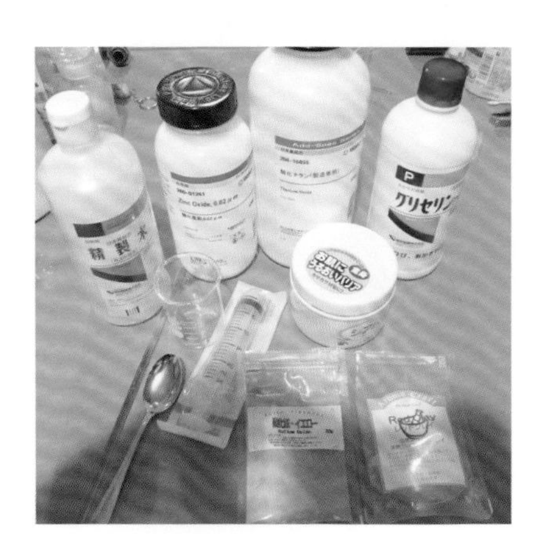

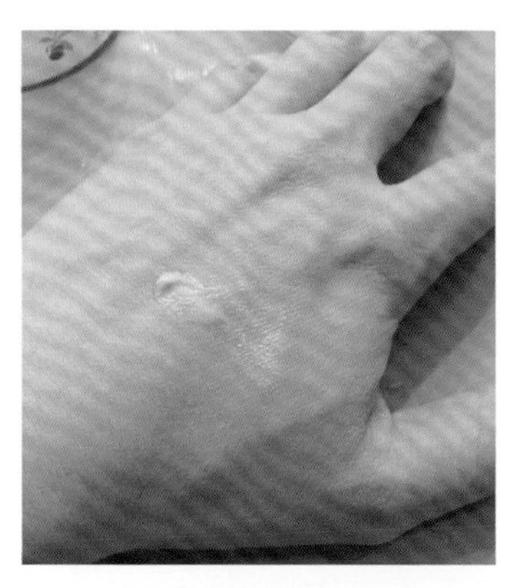

眼睛雖然看不到紫外線，但它確實存在。本節將會藉由自製防曬乳的過程，向學生介紹紫外線的機制與對皮膚造成的傷害，並打破化學、生物、物理等科目的藩籬，培養跨領域的理解力。

實驗目的

以防曬乳這種平常就會用到的物品為切入點，拋出學生感興趣的話題，再加上實際操作，透過「紫外線」，讓學生們學習到教科書不會教的科學性思考。

紫外線與輻射線同樣是眼睛看不到的東西，故難以讓學生認知到它們的存在，即使硬要說明，也只能照著教科書講一遍，頂多再提一些相關理論就結束了。若希望學生們能更加深入瞭解什麼是紫外線，與其用「所謂的紫外線，是指……」這樣的方式說明，不如先從「被紫外線照到的話會發生什麼事」開始說明，學生們比較能體會。在學生們瞭解到紫外線的大概、危險性之後，再說明應該要怎麼防範紫外線的傷害，接著進入自製防曬乳的實驗。當學生們真正瞭解到防曬乳為什麼可以降低紫外線造成的傷害之後，想必也會想要重新認識自己的身體吧。

首先提到紫外線對我們的影響（生物），再講解紫外線的原理（物理），接著提到如何製作防曬乳（化學）。依照這個順序授課，就能讓學生們不再只是單純的死背知識，而是在理解與實際感受之下學習到科學的原理。

基本實驗

01 以小型顯微鏡觀察紫外線的力量

準備材料

手持小型顯微鏡：可以在大型居家用品店或理科化學用品專賣店以幾百元的價格購得。倍率最好在40倍以上。

被曬過的書本

實驗

1. 以小型顯微鏡觀察比較被曬過的書本封底，以及封面上用相同顏色的墨水印刷，顏色原本應該要一樣的地方。
2. 以小型顯微鏡觀察比較學生的皮膚，以及教師的皺紋。

＊實際感受紫外線的恐怖之處

紫外線會讓人類的身體產生發炎反應、色素沉澱（斑點或色素斑）、光老化、癌症等各式各樣的不良影響。然而許多人都認為這些「只不過是曬傷而已」，要向這些人說明紫外線的恐怖，實在不是件容易的事。

光老化現象可以讓人實際感受到紫外線的威力，而且一看就知道。近年來某些海外的卡車司機因為左臉持續曬到強烈的太陽光，使左半邊的臉老了二十歲以上，一時間造成了話題。在網路上搜尋「光老化　卡車司機」後，馬上就可以找到相關圖片。若將這些圖片拿給學生看，再接著說明紫外線會造成肌膚老化，引發癌症、發炎等不良影響，會更有說服力。

＊防曬乳的機制

那麼，紫外線究竟是用什麼樣的機制讓肌膚產生曬傷和光老化現象的呢？紫外線是能量非常強的輻射線，連印刷雜誌、書本時使用的墨水分子結構都可以改變，使其失去顏色。只要如實驗1一樣，比較書本的曬傷部分和未曬傷部分，就可以發現墨水的粒子明顯變小了。

同樣的，紫外線也會對人類身上組成各種生物體的分子造成傷害。這樣對學生說明後，想必學生應該也更能理解紫外線的威力才對。

事實上，構成基因的DNA分子結構便相當容易吸收紫外線。當然，如果日曬量沒那麼多的話，DNA可以在體內酵素的幫助下，修復紫外線帶來的傷害。但如果日曬造成的DNA傷害過大的話，就可能會導致細胞死亡。另外，水或氧氣被紫外線照到的話，會產生大量活性氧，也就是所謂的自由基，這會讓身體的修復工作更加沉重。

紫外線不僅會傷害到細胞，也會加速支撐這些細胞的膠原纖維（皮膚下方的膠原蛋白組職）、彈性纖維（骨架般的組織，為支撐膠原蛋白組織的支架）的老化。這會阻礙真皮的正常代謝，使皮膚變得不規則、不均勻。與原本緊緻且分布均勻的皮膚相比，膚質較差的皮膚，其細胞分布不均勻，故會形成不規則的表面，使皮膚表面凹凸不平，表面積增加。多出來的表面積無處可容納便會下垂，造成皺紋或皮膚鬆弛等皮膚變化……教師們可藉由下一頁的模式圖來說明這個過程。

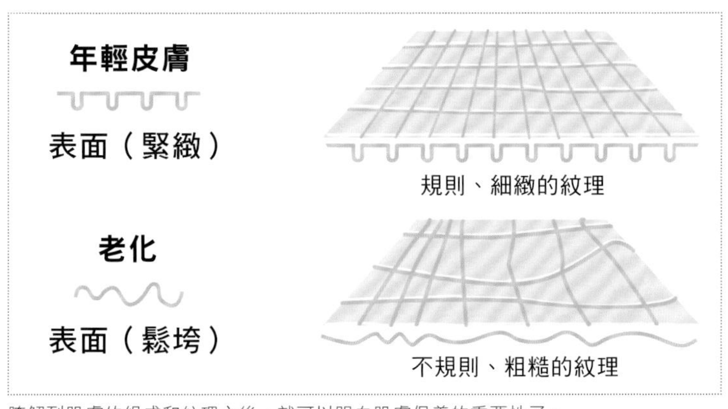

瞭解到肌膚的組成和紋理之後，就可以明白肌膚保養的重要性了。

如實驗2所示，若用放大鏡實際觀察、比較學生的皮膚和教師的皺紋，應該可確認到皮膚的紋理會隨著年齡的增加而逐漸變得不規則，實際感受到紫外線對皮膚的影響（對教師們來說或許會覺得心裡不是滋味，但這也是為了教育，還請多忍耐）。

＊紫外線的原理

之所以將其稱為紫外線，是因為它的波長在我們看得到的可見光之外，是比紫光的波長還要再小一點的電磁波。教師可以預先說明：包括γ射線等輻射線、紫外線、可見光、微波爐使用的微波，都屬於「電磁波」，它們之間只差在波長而已。這次的主角是紫外線，故可對此再做說明。簡單來說，雨剛停時，天空中會出現彩虹。然而彩虹的顏色卻只限於人眼看得到的顏色範圍，事實上在紫色以外，還有我們看不到的顏色接續下去……這樣的說明應該可以讓學生們接受吧。

想必有不少人知道，屬於紫外線的電磁波段可依波長再分為四大類。

＊長波紫外線（UVA：320～400nm）

＊中波紫外線（UVB：280～320nm）

＊短波紫外線（UVC：190～290nm）

＊真空紫外線（VUV：100～190nm）

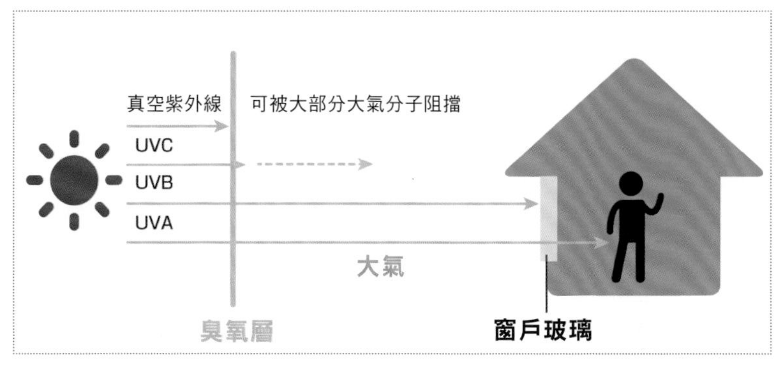

教師們可準備一張這樣的示意圖，像是說明輻射線一樣，說明遮蔽紫外線的方法，以及防曬的重要性。

由太陽發射的紫外線中，真空紫外線會被大氣的組成分子，也就是氧氣與氮氣分子吸收，故不需要特別在意；UVC也會被臭氧層吸收……原本應該是這樣，然而美國加州、澳洲等受臭氧層破洞影響的地區，其上空的臭氧層過薄，無法吸收UVC，故仍可在地表觀測到UVC。

然而，造成曬傷的紫外線其實主要是UVA和UVB，防曬乳主要也是靠阻止這兩種紫外線進入皮膚來發揮其功效。UVB對人類皮膚的影響最大，故最需防範的就是UVB。3mm的玻璃便可遮蔽UVB。故只要待在室內，並將門窗關起來的話，就只有UVA會抵達皮膚（而且會變得很弱）。換言之，待在室內的話，就算照到太陽光也不容易曬傷。

紫外線的種類與比例會隨著季節而有所不同，炎夏正午的紫外線為UVB 5%、UVA 95%；而冬天之所以不容易曬傷，則是因為UVB比夏天少了許多。而室外即使下雨，抵達地面的紫外線仍有晴天時的四成，陰天時則有八成以上，故上課時可以和學生提到，最好不要過度期待水蒸氣遮蔽紫外線的效果。順帶一提，含有紫外線的反射光中，草地或柏油路會反射兩成以下的紫外線、沙灘會反射三成、雪地則可反射高達八成的紫外線。夏天到沙灘時，來自海面和沙灘的反射光，會將一年中最強烈的紫外線再增加三成，故應該不難理解為什麼一定要擦防曬乳，然而滑雪運動的防曬卻意外地常常被忽略。雖然滑雪多在冬天，紫外線較少，不過紫外線會隨著穿過的大氣厚度而逐漸衰減，故位於高處的滑雪場紫外線量本來就特別多。再加上雪地的紫外線反射率高達八成，故滑雪者實際被照射到的紫外線將近平時的2倍，可見滑雪時一定要考慮到紫外線防護……若能善用圖表說明的話，想必學生們也能實際體會到這些事。

介紹科學知識的時候不要只講數值或性質，而是從「沒有好好防曬的話，以後會變成滿臉皺紋的樣子」之類較實際的話題切入，這樣學生才能感受到這個科學知識與自己切身相關，有興趣繼續聽下去。

基本實驗

02 手作防曬乳

準備材料

保濕用乳霜：各藥妝店皆有販售。塗在臉上有保濕效果的乳霜不管哪個品牌都可以。

氧化鈦：在網路商店或店家的自製化妝品區可購得。

氧化鋅微粒：同樣可在網路商店購得。粒子小而易溶於水。

化妝品用氧化鐵：同樣可在網路商店以相當便宜的價格購得。隨著粒子大小的不同，而有黃色、紅褐色、黑色等顏色，若每種顏色各使用10g的話，就相當於20～30人份。

蒸餾水

甘油：可在藥局購得。注意不要買到甘油與氫氧化鉀的混合液。

燒杯：100ml以下的小型燒杯。

攪拌棒

注意事項 請特別注意，若將本實驗所製作的防曬乳給其他人使用的話，會有違法的疑慮。另外，雖然用在自己的皮膚上就不會違反法律了，但不保證本實驗製作出來的防曬乳對任何人都不會引起過敏反應，故若要實際用用看的話，一定要先在皮膚上不顯眼的地方測試看看。

實驗步驟

1. 在燒杯內加入氧化鈦1g、氧化鋅微粒0.5g。

2. 加入甘油3g、蒸餾水2g，攪拌均勻後會形成白色液體。

3. 以藥勺取適量氧化鐵加入。做成比測試顏色的人皮膚再暗一點、深一點的皮膚色。氧化鐵較難溶解，需要用攪拌棒充分攪拌。

實驗步驟

4. 加入3～4g左右的保濕用乳霜，充分混合。要是沒有攪拌個幾分鐘以上的話是不會完全攪拌均勻的，請用力攪拌吧。

5. 完成！

＊. 取少量成品試塗在手上，若能讓成品在塗上皮膚後，只會讓皮膚稍微變白一些的話就成功了（如照片所示，塗到皮膚上後，顏色會稍微改變）。要是不好塗的話，可以試著用水和甘油調整。

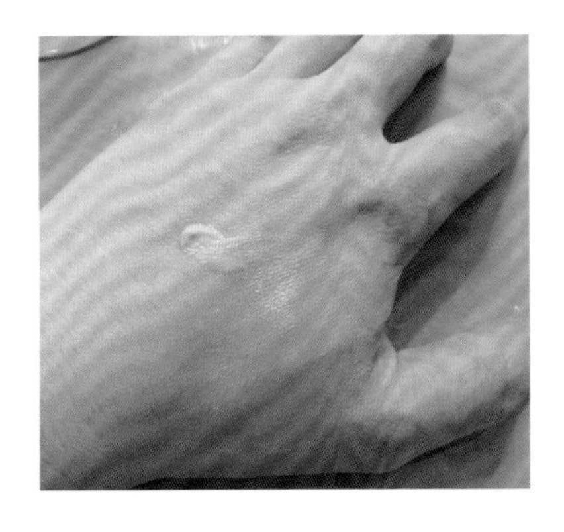

＊集人類智慧於一身的防曬乳

之前提到了紫外線的恐怖之處，接下來就讓我們繼續談談人類如何運用自己的智慧來防範紫外線。

在可吸收紫外線的材料中，氧化鈦和氧化鋅是很常使用的無機化合物，近年來則是開發出了名為阿伏苯宗（Avobenzone，4-tert-butyl-4'-methoxydibenzoylmethane）之類專門狙擊並吸收UVA（320～400nm）的有機化合物。另外，對氨基苯甲酸、水楊酸、二苯基甲酮等有機化合物也以會吸收UVB而著名。近年來，對於可吸收紫外線之成分的使用量規定也逐漸放寬，故市面上亦可看到含有甲氧基肉桂酸辛酯、無色透明、塗抹起來很舒服的產品。

這次我們是從網路商店上買得到的材料中，選擇最實用的氧化鈦和氧化鋅微粒作為紫外線吸收劑。其吸收的紫外線數值如下。

＊氧化鈦　　　　　　（吸收波長為260～400nm）

＊氧化鋅微粒　　　　（吸收波長為260～370nm）

＊包裝上標示的SPF、PA指的是什麼？

接著就來說明市面上的防曬乳包裝所標示的SPF和PA等數值是什麼意思吧。

SPF是「Sun Protection Factor」的縮寫，是對UVB的防護指數。SPF的數值代表可以讓UVB造成的曬傷延緩到什麼程度。若塗上SPF5的產品，曬傷速度就是完全沒塗任何防曬乳時的五分之一。換言之，塗上SPF5的產品後做5個小時的日光浴，就相當於完全沒塗防曬乳的狀況下做1個小時的日光浴。一般來說在室外的話，建議使用SPF15以上的防曬乳，不過當SPF大於20時就不會有太大差異了。在化妝品的世界中，許多人拿著沒有科學根據的理論進行SPF大戰，甚至有人宣稱可以做出SPF50的產品，說白了其實沒什麼意義。

PA則是「Protection Grade of UVA」的縮寫，從PA+到PA+++共分成三個等級。不過近年來也出現了號稱有PA++++等級的產品，好像愈高愈厲害一樣……實際效果如何不得而知，但這種謎般的新標準不斷出現。

＊自製防曬乳的威力

這次製作的防曬乳，SPF約為15～20左右、PA+++，故應該有充分的防曬效果（當然，流汗的話就會失效，需要重新塗一次）。

前面列出來的材料量可以製作出10g的防曬乳，當然，也可以直接把材料量翻倍，製作出20g、30g的成品。考慮到測量材料量的方便性，可以讓一組學生製作30g左右的量。

這些材料都可以在大型居家用品店之類的地方購得，要是附近沒有這樣的店家，也可以用網路購物的方式輕鬆購入（請在網站輸入「氧化鐵」、「氧化鋅微粒」）。而氧化鈦、氧化鋅微粒以外的成分，皆可在藥局或網路商店買到，用非常便宜的價格，就能買到可供全班的人做實驗的材料，每個人的材料費大概可以壓到幾十元以下，CP值相當高。

另外，許多人很討厭塗防曬乳，因為塗上防曬乳後臉會變得有些藍白色，甚至像喜劇演員般一臉全白。不過如果是自製防曬乳的話，就可以調整成分避免這個問題，這也是為什麼我們要使用氧化鋅微粒。

這個實驗還有一個很大的特色，我們製作防曬乳時並非連保濕乳霜都自行製作，堅持使用不添加其它化學物質的乳霜。而是利用一般市面上販賣的乳霜，以保證其穩定性（由於是大規模製造的產品，故可以將各式各樣的成分以精妙的比例混合，使乳霜不管沾到什麼都不容易油水分離，而且含有防腐劑利於保存），故不是完全自製的產品。如果我們用實驗07介紹過的乳化蠟製作保濕乳霜的話，很容易混入雜菌使之腐敗，不易保存。另外，因為防曬乳只會塗在狀態穩定的皮膚油脂層上，故防腐劑對大多數人皮膚的影響可說是微乎其微。直接用市面上的乳霜來製作防曬乳，可說是兼具了簡單和方便等優點。

若將完成的防曬乳用注射器移至生活百貨販賣的容器，還能解決不易攜帶的問題。

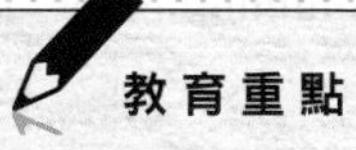

教育重點

＊橫跨物理、生物、化學領域的主題

紫外線和防曬乳。這次的實驗主題談到了紫外線（物理）、紫外線對皮膚造成的影響（生物）、防止皮膚被影響的方法（化學）等，範圍非常廣，很適合用來說明各個科學領域間都有著相當緊密的關係。

若想讓學生們多瞭解這些原理能夠怎麼應用，可以試著在各個領域提出相關題目讓學生試試看。舉例來說，準備兩個聚丙烯塑膠片（便宜的CD盒之類的），一個維持原樣，另一個則每天給它塗上防曬乳，然後將這兩個塑膠片拿去給直射日光曬一個月，這麼一來，沒有塗防曬乳的塑膠板就會因紫外線而出現明顯的劣化，產生黃斑，而另一個則會因為有塗上防曬乳而劣化得沒那麼快……觀察到這個現象之後，可以讓學生們試著去查詢防曬乳的成分，再衍生出新的研究問題。

生物領域方面，可以試著研究看看紫外線對生物會產生什麼樣的影響。譬如說用殺菌燈觀察培養基的殺菌實驗，或者是觀察植物在紫外線的影響下是否能順利成長等等的問題。

而在物理方面，可以引導學生們從紫外線開始思考，由電磁波的角度，探討不同波長的可見光與非可見光分別有什麼樣的特性，這些特性又會對人類有什麼影響……像這樣把一個個問題連接起來，便可以讓只喜歡物理的孩子們開始對其它自然科學科目產生興趣，也可趁此機會和學生們提一些實際例子，說明那些在跨領域科學研究下的發現與進步。

Experiment 實驗 No. 11

讓學生們的眼睛閃閃發亮！焰色反應表演

Flame color reaction

難易度 ★★☆☆☆

對應的教學大綱
- 物理／原子
- 化學基礎／物質的組成
- 科學與人類生活／物質科學

只是把藥品拿來燒，然後把元素和火焰顏色背下來。這種實驗實在太無聊又太浪費了！

用不同方式呈現焰色反應實驗，就能夠點燃學生們對化學的興趣，不再只是死背材料和顏色。本節將介紹演示這個實驗的技巧和訣竅。

從光譜、可見光、紫外線、紅外線的角度，說明為什麼元素燃燒時會產生有顏色的火焰，又為什麼不同元素會產生不同顏色的火焰。

焰色反應十分美麗。我們看到的煙火之所以會那麼漂亮，就是因為用到了焰色反應的原理。焰色反應的魅力，甚至可以讓那些已對氣體、水溶液等計算感到厭煩的國高中生，重新拾起對化學的興趣。

焰色反應的實驗方式有非常多種，不同的呈現方式，可以讓焰色反應看起來很普通，也可以很華麗。雖說如此，現在的教育卻只要求學生背誦「鈉是黃色、鉀是紫色、鍶是……」之類的東西。最近愈來愈多學校連實驗都不做了，只給學生看看相關照片應付過去。然而，如果眼前看到的火焰顏色，是過去不曾看過的綠色、紅色、藍色的話，想必任何人都會迷上這火焰的魅力吧。要是不讓學生親自操作看看的話就太可惜了不是嗎？

為什麼不同元素會有不同的焰色反應呢？為什麼燃燒時會產生有顏色的火焰呢？可惜的是，會從火焰的顏色講解到光譜，再談到可見光、紫外線、紅外線等話題的老師實在少之又少。另一方面，教科書上講到焰色反應時，所使用的實驗方法是將離子化合物沾在鉑絲上，再用本生燈燃燒，然後觀察那小到不能再小的火焰。坐在教室最後面的學生根本看不清楚整個實驗過程，再說這樣的火焰一點魄力也沒有。

這次介紹的是如何用簡單又有魅力的方式進行焰色反應實驗，並以焰色反應為核心，說明如何將其應用在化學教育上。

基本實驗

材料超便宜！焰色反應實驗

準備材料

生活百貨的噴射打火機 2個： 內部含有焰色反應中不可或缺的鉑絲。

硼酸： 可在藥局等地方購得。

金屬銦等： 可在網路商店購得。

使用火時一定要特別小心。

實驗步驟

1. 用鑷子取出打火機內的鉑絲。

呈波浪狀彎曲，僅簡單固定在打火機上而已，可以輕鬆取出。

2. 將取出後的鉑絲沾一些硼酸，再用另一個打火機點火燃燒。

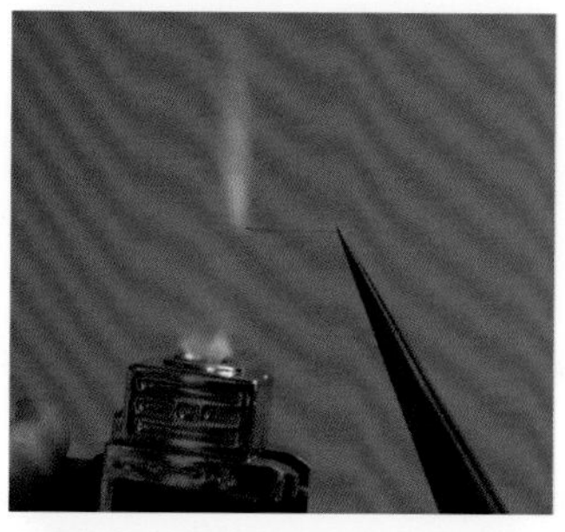

用兩個打火機就可以看到焰色反應。

3. 將金屬鈿固定在鉑絲上，點燃。

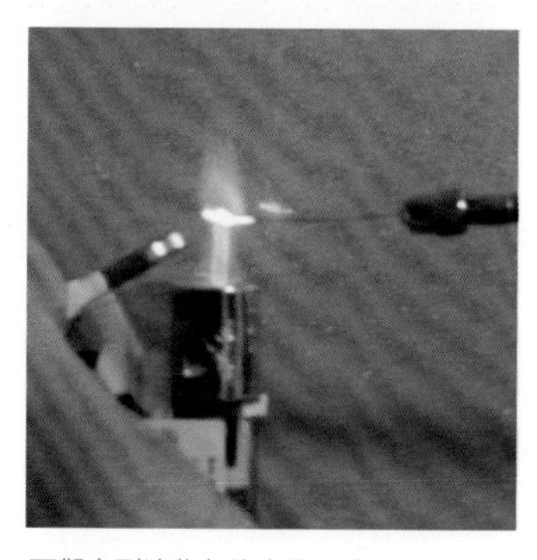

可觀察到淡紫色的火焰，雖然有些不易分辨。

memo 觀察焰色時，為了不被背景顏色干擾，可準備灰色或白色的塑膠板。

＊ 用這種方式解決預算有限的問題

有人認為，鉑絲太貴是沒辦法讓學生們做焰色反應實驗的原因之一。實際到實驗器材行詢問鉑絲的價格後，發現2cm的鉑絲就要數千日圓，實在是相當貴。但若多留意我們的周遭，就會發現我們其實可以用很低的價格買到鉑絲。那就是生活百貨裡販賣的噴射打火機。這裡的鉑絲是用來當作點火時的觸媒。若要確認它是否真的是鉑絲的話，可以先用鑷子將其取出，放入裝有氫氧化鈉水溶液的試管內加熱，或者試著丟入硝酸看是否會溶解，若都不會溶解的話就是真的鉑絲了（就算不特別去測試也沒關係，因為打火機本身很便宜，要是不能用的話再去找其它打火機就好）。

以上是用鉑絲來進行的焰色反應，可以觀察到不同物質的焰色。不過和後面的實驗比起來就顯得相當樸素了……。

基本實驗

彩虹酒精燈

準備材料

酒精燈

甲醇：可使用一級甲醇（純度99.5%以上），或者是含有75%以上甲醇而沒有焰色的燃料用酒精。

〈可產生焰色反應且易取得的鹽類〉

黃綠：硼酸、氯化鋇

藍綠：氯化銅（II）

紅色：氫氧化鋰

黃色：硼砂（四硼酸鈉）

橙色：氯化鈣

注意事項

·用火的時候一定要特別小心。

·實驗後，須馬上將實驗使用之酒精燈內部的液體丟棄，並換成新的燈芯。

·硼酸燃燒後產生的氣體有些微刺激性，請保持通風良好。

·氯化銅（II）、氫氧化鋰的腐蝕性很高，取用時請戴上手套與防護眼鏡，以防止直接接觸到溶液。要是不小心跑進眼睛的話，請馬上用流水沖洗，並送往醫院診斷。

實驗步驟

1. 將各種鹽類溶解於甲醇，放入酒精燈內點火，觀察其顏色。

從左邊開始分別是鈣、高溫的銅、鋰、硼。

解說

＊正因為是很基本的實驗，更要弄得漂亮點

焰色反應雖然是個只要準備酒精燈和各種鹽類就可以進行的簡單實驗，但還是有幾個需要注意的地方。

首先是燃燒用的酒精。近年來學校所使用的燃燒用酒精，大多含有一定量的異丙醇（IPA）或乙醇，使酒精燈燃燒時可以清楚看到它的橙色火焰。因此展示焰色反應時，反而會看不到各種鹽類燃燒的美麗顏色。實驗時所使用的燃料用酒精就算不是一級甲醇，最好也要有75%以上的甲醇含量，才可以燒出沒有顏色的火焰。

再來，如果可以把想燃燒的鹽類直接加在酒精內的話就更好了。但如果是在甲醇內溶解度不高的鹽類，就無法用這個方法觀察焰色反應。

另外，溶有鹽類、用來進行焰色反應實驗的酒精燈可以放置兩三天左右，但如果放置太久，溶在酒精內的鹽類會蒸發掉，並於蓋子縫隙上析出，不只蓋子會變得很難開關，燈芯本身也會因為析出過多鹽類而難以燃燒。因此實驗後須盡快丟棄酒精燈內的液體，並換成新的燈芯，否則酒精燈很快就不能用了。

＊實驗重點

先來看看最漂亮的硼酸。硼酸內的硼在燃燒時會發出黃綠色的光，且硼酸在酒精內的溶解度很高，容易觀察又很漂亮。若燃燒的是飽和溶液，可以得到更漂亮的焰色。順帶一提，氯化鋇也可以燒出漂亮的黃綠色，但比硼酸貴上許多。

不知為何，硼的焰色反應沒有列在高中教科書的焰色反應實驗內（或許是因為焰色反應僅出現在介紹金屬的單元內）。不過金屬以外的元素也有焰色反應，可以向學生說明，基本上所有元素都有其固有的原子光譜，只是人類只能觀察到其中幾種元素的光譜。拿硼酸來燃燒時請特別注意，燃燒後的氣體有些微刺激性，故請在通風良好處進行實驗。

多數學校都備有氯化銅（II）這種銅離子化合物，其焰色比硫酸銅還要漂亮。氯化銅溶液的腐蝕性相當高，不只要防止溶液噴濺到眼睛，也要帶上手套，防止溶液直接接觸到皮膚。

以酒精燈觀察鈉的焰色反應時，可以看到黃色的火焰，建議使用氫氧化鈉或硼砂來做實驗。硼砂為四硼酸鈉，嚴格來說，其火焰應該也包含了硼的綠色，但用肉眼無法分辨。另外，硼砂不是劇毒物質，其溶液相當安全，故可以放心讓學生們操作，是個很大的優點。氯化鈉在酒精的溶解度很低，沒辦法用這種方法來做焰色反應實驗。

常出現於我們生活周遭的除濕劑，就是由氯化鈣製成。實驗時，若老師能演示打開除濕劑包裝，取出內部物質的過程，想必更能加深學生們的印象，讓他們知道實驗材料可以來自我們的周遭。

最後是有著鮮艷紅色的鋰。鋰鹽的焰色反應很難做，實驗的難度由簡單至困難依序為碳酸鋰、氯化鋰、氫氧化鋰。不過氫氧化鋰的腐蝕性非常強，請注意絕對不要用手觸碰。鋰的使用量也請盡量減少，太多的話不容易燒起來，難以觀察到美麗的火焰。

基本實驗

03 利用用完即丟的道具進行簡單的焰色反應

準備材料

用來做焰色反應的鹽類：前一個實驗中用到的材料。

燃料：甲醇。

塗料皿等小型金屬皿：可在塑膠模型用品店購得的塗料皿，很適合用在簡易的燃燒實驗上。

三聚氰胺海綿（科技海綿）：切成小塊當作燈芯使用。三聚氰胺海綿本身不易燃燒，故很適合當作燈芯的代替品。

金屬製的塗料皿。

三聚氰胺海綿。可在生活百貨、超市等地方輕易購得。

memo

如果沒有高純度甲醇的話，可以改用燃料用酒精等含有高濃度甲醇的燃料。甲醇含量在80%以上的燃料大多可以用在這個實驗上。而含有過多乙醇或異丙醇的燃料在燃燒時會產生橙色火焰，故不易觀察焰色反應。

注意事項 與實驗2相同，使用火和取用藥品時須小心，並請保持通風良好。

實驗步驟

1. 將鹽類溶於甲醇內，做成甲醇溶液。

2. 將溶液與三聚氰胺海綿放入金屬皿內，點火，觀察焰色反應時的顏色。

3. 蓋上金屬製的蓋子滅火。

照片為氫氧化鋰燃燒時的樣子。除此之外，容易準備的藥品還包括硼酸、硼砂（雖然也會有一些綠色，但鈉的黃色火焰會更明顯）、氯化鈣（櫥櫃用除濕劑）等。

解說

＊不使用酒精燈的簡單實驗！

若想在不使用酒精燈的情況下進行焰色反應的話，可將燃料放入塗料用的小型金屬皿內，再放入切成小塊的三聚氰胺海綿當作燈芯。這些道具用完後都可以直接丟掉，實驗效果看起來也很好。

順帶一提，還可以將溶有鹽類的酒精溶液裝在噴霧器內，直接噴向點燃的本生燈，便可在瞬間產生各種焰色的華麗火球……但這有燒到旁邊、引發火災的危險性，若沒有相關的處理知識、經驗，以及適當環境的話，並不推薦這麼做。

應用實驗

04 製作藍色火焰

準備材料

甲醇 100ml

六水氯化銅（II）3g

二氯甲烷 30ml

酒精燈或本生燈等燃燒用器材

注意事項

實驗會產生部分有毒氣體，故實驗時請確實保持通風，並注意不要吸入氣體。

實驗步驟

1. 將六水氯化銅（II）、二氯甲烷加入甲醇內。

↓

2. 按照前面所介紹的步驟進行焰色反應實驗。

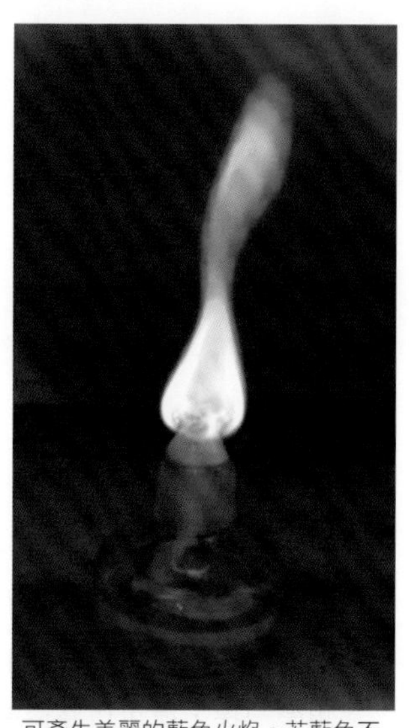

可產生美麗的藍色火焰。若藍色不夠清楚的話，可試著調整二氯甲烷的量。

memo

這裡的藍色火焰是由焰色反應所產生，與瓦斯完全燃燒時所產生的藍色火焰是完全不同的東西。瓦斯的火焰只是看起來是藍色而已，並不會發出藍色的光，相較之下，這裡的藍色火焰卻可以將周圍照成藍色。

解說

＊實驗時請注意通風

位於可見光譜內的藍色火焰（435～480nm）是改造了銅的焰色反應後才能觀察到的。若藍色火焰的顏色不穩定的話，可以增加二氯甲烷的量，調整顏色。

雖然仍不清楚原因，不過二氯甲烷可能會抑制酒精的燃燒，使焰色反應時一直維持氧氣過量的狀態，提升火焰的溫度，使銅燃燒的顏色不是藍綠色，而是溫度更高的藍色（475nm左右）。另外，實驗時可能會產生部分有毒氣體，故請保持通風，並注意不要吸入燃燒後的氣體。

05 基本實驗

用噴槍進行華麗的演出

準備材料

鹽類：氯化銅等。

瓦斯噴槍：可在大型居家用品店等地方以數百元的價格購得。

不鏽鋼板：可在生活百貨購買不鏽鋼製的托盤。

金屬用剪刀、鉗子、金屬銼刀

注意事項

因為會產生少量有毒氣體，故除了要保持通風之外，也須注意不要吸入氣體。另外，進行不鏽鋼加工的時候，請小心不要受傷。

實驗步驟

1. 以金屬用剪刀等工具裁切不鏽鋼板。

實驗步驟

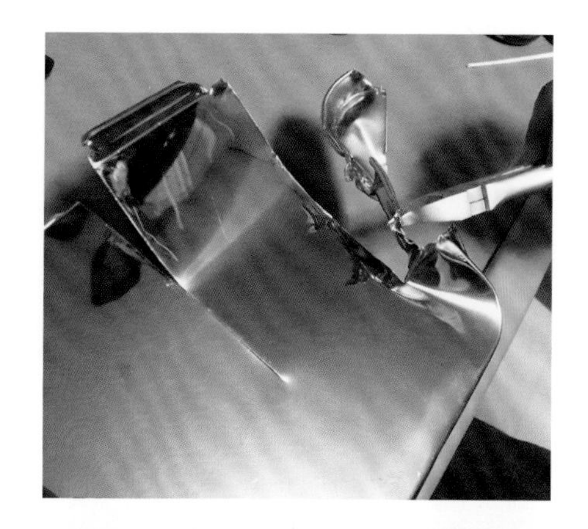

最後剪成這個大小就可以了。

2. 將不鏽鋼板彎成U字形，並用鉗子拗出八字形。為了防止被切面割傷，請用銼刀將邊緣磨平。

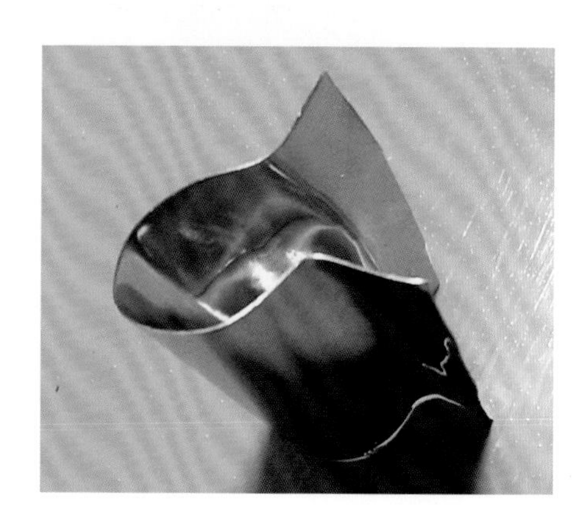

memo

不鏽鋼板非常堅硬，請使用斜口鉗和金屬用剪刀慢慢剪開。

實驗步驟

3. 將鹽類放進不鏽鋼板彎起來的部分，再將其裝在瓦斯噴槍上。

4. 開小火，使不鏽鋼的表面形成一層由氧化物構成的膜。

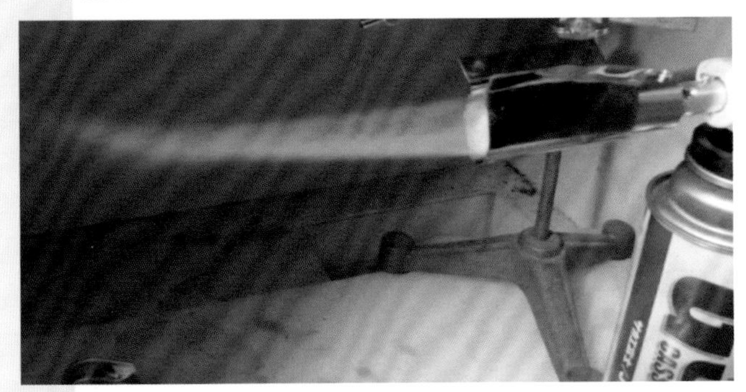

照片中的不鏽鋼板內放了銅、鈉、鋰，形成彩虹般的火焰。

解說

＊使用時會產生焰色反應的噴槍

酒精燈的火很小，若想弄出較大的火焰給學生看的話，必須使用噴霧器之類的東西，但這種方法可能會引起火災，要是沒有相關經驗的話，並不建議這麼做。

故在此介紹如何用市面上的噴槍觀察動態的焰色反應。

方法十分簡單，只要將生活百貨賣的不鏽鋼板加工成可以裝在噴槍上的道具，再把氯化銅等鹽類放上去，接著先用小火加熱，使氯等不需要的成分揮發，並於不鏽鋼板上形成一層由氧化物構成的膜，這樣就完成了。

氧化物結塊後就不容易剝落，用水輕輕沖也不會掉下來，相當耐久，方便演示各種物質的焰色反應。而且不鏽鋼板可以用生活百貨賣的托盤剪裁而成，材料費也很便宜。

另外，也可以像照片一樣，一次將多種鹽類放在不鏽鋼板上，做出色彩繽紛的焰色反應。

教育重點

＊說明元素與電磁波的關係

焰色反應十分漂亮，但為什麼會產生不同顏色的火焰呢？原子光譜又是什麼呢？要是沒有好好回答這些問題，在學生們留下「好漂亮的實驗啊」的感嘆後，實驗就結束了。我們的目的是要用焰色反應引起學生們對化學的興趣，並進一步解說電磁波與焰色反應的關聯，讓學生更加理解其原理。

教師可以用下圖般的示意圖，說明我們的周圍存在哪些電磁波。我們之所以可以識別出光的不同顏色，是因為這些光（電磁

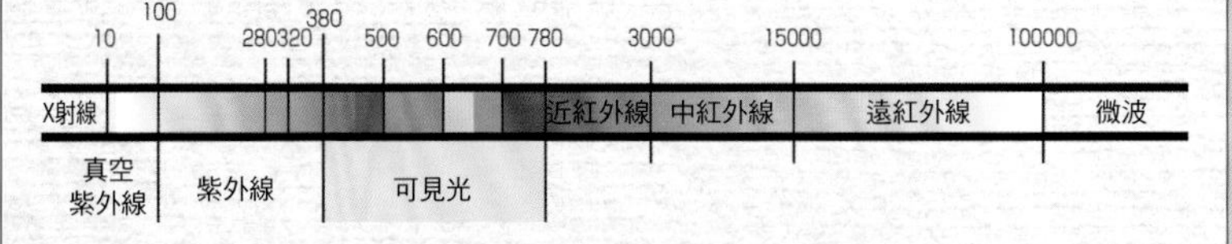

＊波長的單位為nm。另外，圖中波長大小僅為示意。

波）都在可見光的波段。除了可見光之外，紅外線、紫外線、輻射線（γ射線、X射線）等也都是電磁波，它們的差別只在於波長不同而已。這樣的說明是絕對必要的。

人類肉眼看得到的電磁波波長為350～700nm左右（每個人略有差異）。所謂的光、顏色，也只能用來描述人類可見範圍內的電磁波而已，和鳥類、獸類、昆蟲看到的樣子完全不同。狗和貓對顏色的識別能力較弱，相對的，卻擁有高性能的夜視能力以及動態視力；昆蟲大多可辨識紅外線範圍內的電磁波；某些種類的蝦蛄擁有人類4倍的視錐細胞，可以看到12種原色，範圍橫跨紫外線到紅外線，甚至還可以辨認光的偏振方向。

教師還可以提到，對於極小的物體來說，並不存在顏色這種東西。可見光的最短波長為380nm，故比這個長度還要小的物體便無法反射可見光，即使用倍率再大的光學顯微鏡也看不到這種物體。

舉例來說，感冒病毒的大小約為100nm左右，因此不管用多厲害的放大鏡或光學顯微鏡都看不到感冒病毒，這就是為什麼要用電子顯微鏡觀察的原因。

＊關鍵字是能量與躍遷

那麼為什麼焰色反應中，不同元素燃燒時會產生不同顏色的火焰呢？燃燒時，環繞原子周圍的電子會獲得能量（熱），使電子移動到距離原子核較遠的地方，這個過程叫做躍遷，躍遷後原子會轉變成類似電漿的狀態。接著，電漿狀態的原子回復到原本的狀態時，會將多餘的能量以光的形式釋放出來，而會釋放出什麼樣的光，就取決於原子的種類了。這就是所謂的原子光譜，若原子光譜的波長位於人類的可見光波段，我們就可以藉由「焰色反應」觀察到原子光譜，就是這麼回事。

這個實驗便是希望能像這樣，跨越生物、化學、物理等科目的藩籬，讓學生們親身體會到各領域的學問都是緊密相連的。

Experiment 實驗 No. 12

獵人射得到猴子嗎？空中撞擊實驗

Mid-air collision

難易度 ★★★☆☆

對應的教學大綱 物理／各式各樣的運動／平面運動

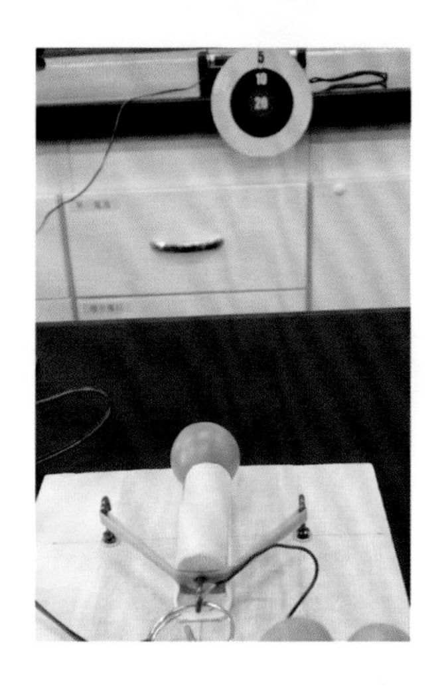

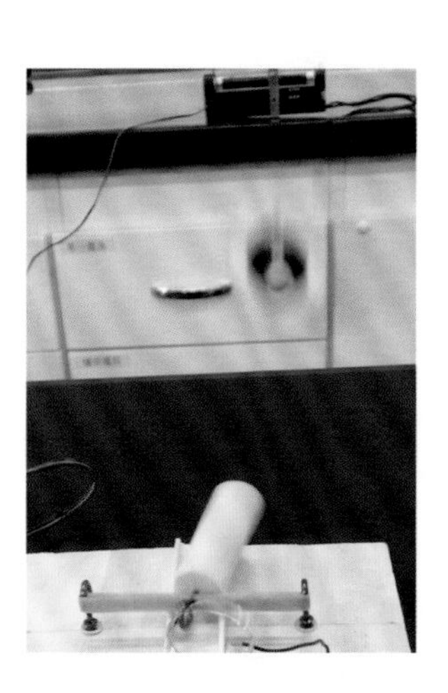

物理的練習題中常出現獵人射猴子的問題。為何我們不實際試試看呢？於是這個實驗就誕生了。讓學生親眼見證假說化為現實的瞬間，便會自然而然對科學產生興趣！

實驗目的 該怎麼做，才能打中正在掉落的物體呢？本實驗的目的在於讓學生實際感受並理解物理定律。

物理的練習題中，經常會出現「獵人與猴子」的題目。簡單來說，就是獵人以吹箭瞄準樹上的猴子，不過在獵人射出吹箭的同時，猴子會鬆開抓著樹木的手，朝地面垂直落下逃走。此時，吹箭會不會命中猴子呢？

這次實驗的主題，就是實際做實驗操作這個問題，讓學生們親身感受、理解物理定律。若站在地面上的人想要用球丟中從上方垂直落下的球，那麼丟出球時應該要瞄準哪裡呢？實際上又是否真的做得到呢？

這次實驗將試著以科學的方式，證明這種在練習題上常看到的狀況，確實與計算結果一致。成功射中目標的話，想必學生們也會很高興吧。

製作

移動目標與發射裝置的製作

準備材料

漆包線 3m：直徑0.3mm。

可作為標靶的東西：厚紙板或底片盒。

木板：20cm×15cm左右。

圓筒形木塊：直徑2cm、長5cm。

橡皮筋：圓周12cm、寬6mm左右的粗橡皮筋。

掛勾 4個：螺絲式L字形掛勾1個、圓形掛勾1個、鉤形掛勾2個。

鐵圈 1個：金屬製鑰匙圈即可，約3cm大。

彈力球 1個：直徑2cm左右。

電池座：可放入2個三號電池的電池座。

三號電池 2個

電線2.5m：分為紅、黑兩股的電線。

電線壓條 5cm長

螺栓 1個：直徑4mm、長4cm。

透明膠帶、迴紋針或圖釘、砂紙、剪刀

注意事項

若線圈長時間通電的話會變得很熱，請小心不要燙傷。

步驟

1. 將漆包線纏繞在螺栓上，做成線圈。漆包線兩端預留10cm左右，用中間的部分繞成線圈。緊密纏繞一層之後再繞第二層。

步驟

2. 繞完之後，用砂紙磨掉漆包線兩端5cm左右的外膜。

3. 用底片盒之類的東西製作標靶。在標靶頂端插上圖釘或別上迴紋針，使標靶可以被磁鐵吸住。

4. 參考下方照片，製作彈力球發射裝置。

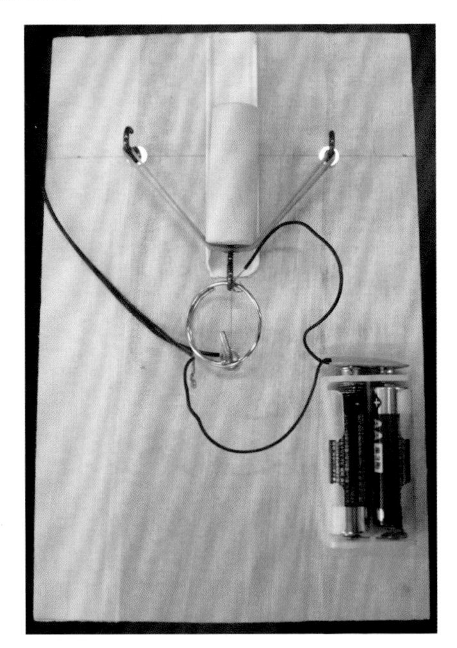

步驟

5. 裁下5cm左右的電線壓條，用雙面膠貼在木板上。

6. 將橡皮筋穿過圓形掛勾，再將圓形掛勾鎖在圓筒形木塊上。

7. 將鉤形掛勾固定於木板的兩端，再將橡皮筋的兩端分別掛在鉤形掛勾上。

8. 將鐵圈穿過鎖在圓筒形木塊上的圓形掛勾。

9. 將L字形掛勾鎖在木板上，再將鐵圈拉過去，固定於L字形掛勾上。

10. 將電池座的紅線接上電線的紅線，電池座的黑線接上鐵圈。並將電線的黑線接上鎖在木板上的L字形掛勾。

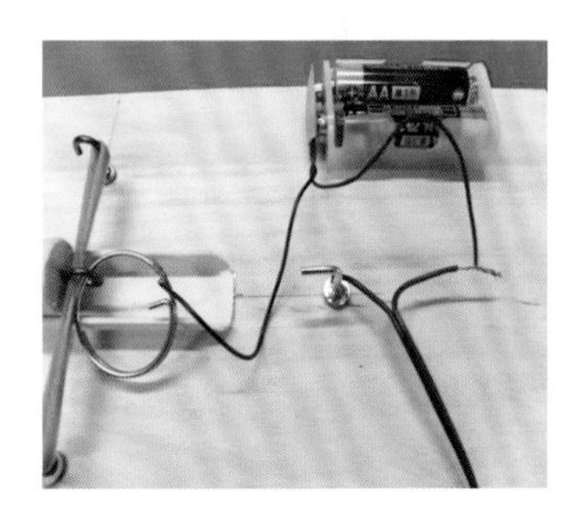

11. 再將電線的紅、黑線分別接上電磁鐵的兩端，裝置便完成了。

*利用電磁鐵製作裝置

我們想做的是一個可以在瞄準標靶後，將類似吹箭的東西（這次用的是彈力球）發射出去的裝置，而且在吹箭發射出去的同時，標靶也必須開始掉落才行。若要用簡單的裝置實現這個構想，電磁鐵是最合適的。

首先將漆包線纏繞在螺栓上，做成電磁線圈。這時漆包線的兩端須預留10cm左右，用中間的部分纏繞。將線圈緊密纏繞在螺栓上，不留空隙地繞完一層之後，再繼續繞第二層。繞愈多層，電磁鐵的磁力就愈強。

將新買回來的螺栓直接用來製作裝置也不會有什麼問題。不過如果先將螺栓拿去火烤再冷卻的話，鐵的性質會有所改變。若用烤過的螺栓做成電磁鐵，在電流切斷時磁力線會瞬間消失，使標靶可以馬上脫離電磁鐵。

纏繞完畢後，用砂紙將漆包線兩端5cm左右的外膜磨掉。請確實磨去漆包線的外膜。

接著要製作的是代表猴子的標靶。前面步驟中用的是底片盒來製作標靶，不過只要夠輕、又是磁鐵可以吸住的東西，像是金屬製的鑰匙圈之類的，都可以用來當作標靶。

再來要做的是發射裝置。本實驗用彈力球的發射裝置來取代吹箭，並將電線壓條固定在木板上當作軌道。裁下5cm左右的電線壓條，再用雙面膠黏在木板上就完成了。

接著，將直徑2cm左右的木條切下約5cm長的木塊，如步驟10的照片般，將螺絲式圓形掛勾鎖在木塊上，再將鐵圈穿過圓形掛勾。橡皮筋則在穿過圓形掛勾之後，將橡皮筋拉直，兩端固定在預先鎖在木板上的鉤形掛勾上。

最後，以電線連接電池座與漆包線，並以透明膠帶固定需纏繞在掛勾的部分。

這樣實驗裝置就完成了，那麼就讓我們來測試看看吧。

空中撞擊實驗會成功嗎!?

實驗步驟

1. 將電磁鐵固定在合適的位置，用電磁鐵吸住標靶。固定發射裝置，使彈力球可朝向標靶發射。打開電源，將橡皮筋往後拉，以鐵圈鉤住後方的L字形掛勾，固定位置。

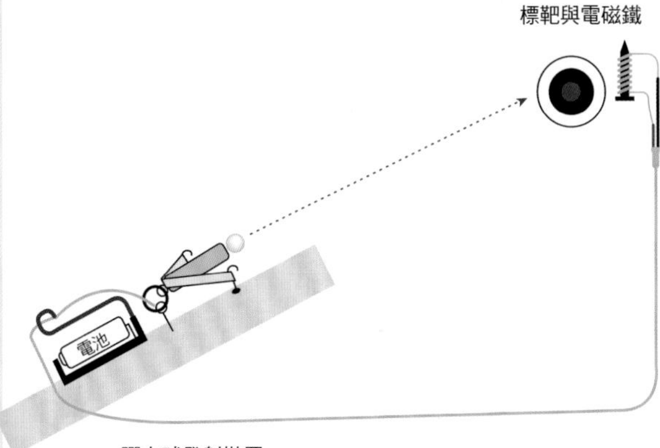

2. 瞄準標靶。

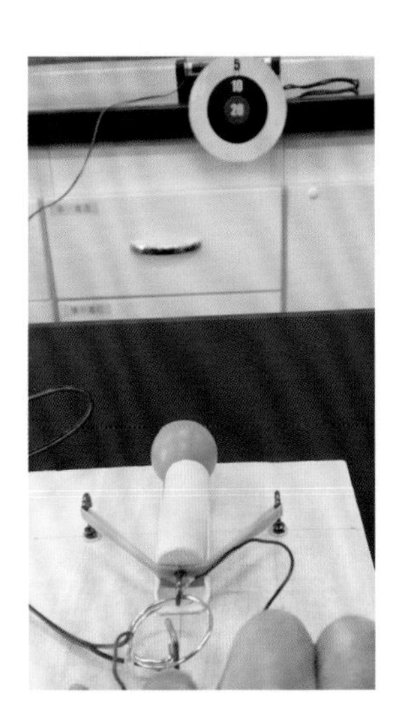

實驗步驟

3. 提起鐵圈，便可發射出彈力球。同時標靶會開始落下。

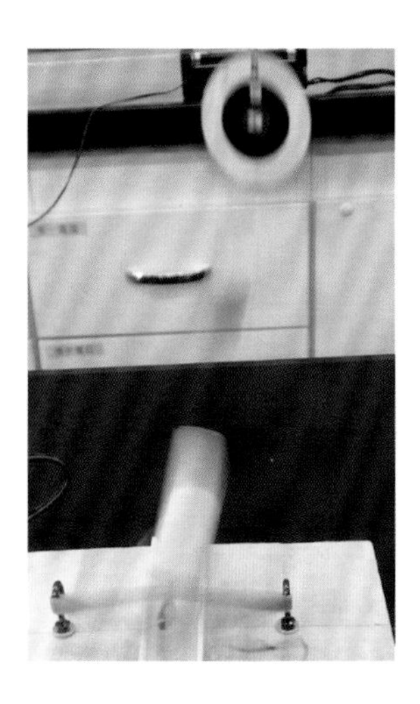

4. 成功命中落下中的標靶！要是沒有打中的話，請確認發射裝置的軌道是否和標靶在同一條直線上。

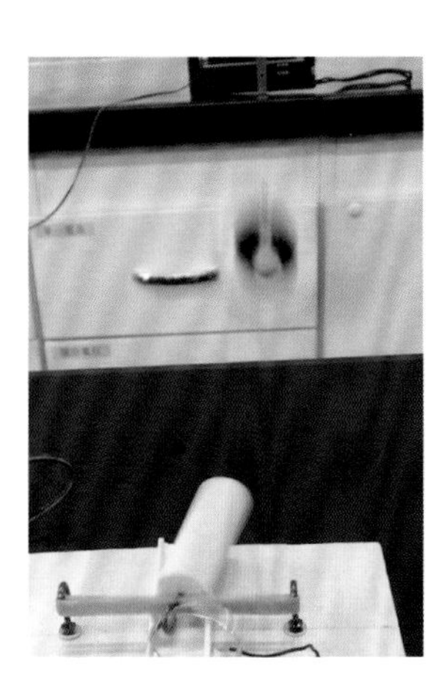

＊實驗成功！

組裝好裝置之後，就可以開始進行實驗了。

首先是決定標靶的位置，將電磁鐵固定在這個位置上。再來要固定發射裝置，使彈力球可朝向標靶發射。接著打開電源，將橡皮筋往後拉，以鐵圈鉤住後方的L字形掛勾，固定橡皮筋的位置。最後將標靶吸附在電磁鐵上就完成準備了。

1、2、3，發射！提起鐵圈，將彈力球彈射出去吧！怎麼樣？彈力球有沒有命中標靶呢？如果裝置正常運作、也有確實瞄準標靶的話，彈力球一定會命中標靶。要是沒有打中的話，請再確認發射裝置的軌道與標靶是否有在同一條直線上。

只要能用彈力球打中標靶一次，之後不管再發射多少次都能命中，實在相當爽快。

教育重點

＊讓學生產生興趣的重點

以前的物理教科書皆將這個實驗稱作「獵人與猴子」問題，但因為聽起來有點殘忍，現在則改為「空中撞擊實驗」。先把名字的問題放在一邊，讓我們從物理的角度來說明這個實驗到底是怎麼回事吧。

授課時，教師必須先向學生說明猴子和獵人的狀況，並讓學生思考獵人應該要瞄準哪裡。由於獵人和猴子間的距離相當遠，若沒有考慮吹箭的飛行軌跡的話就不可能命中。那麼，應該要瞄準哪裡才能射中猴子呢？應該要瞄準猴子的上面一些些嗎？還是要瞄準猴子本身呢？或者說考慮到猴子會往下掉，應該要瞄準猴子的下面一些些呢？

為了刺激學生們自行動腦，可以給他們以下提示，故意混淆他們的思路。

「箭會受到重力的影響，故會呈拋物線飛行。猴子也會在重力的作用下自由落體。不過，我們並不曉得猴子原本位置的高度，也不知道人與樹的距離以及人與猴子的距離。因此，我們也不曉得幾秒後會射中猴子。另外，我們也不知道箭射出去時的速度是多少……」

那麼，在忽略空氣阻力和風向等條件的情況下，箭可以命中猴子嗎……？這個問題不是靠感覺，而是可以用數學式證明的題目，若能再用實驗實際證明出來的話，想必學生們也能對物理有更深的理解，並開始產生興趣吧。

＊這個實驗是從何而來的呢？

在物理實驗的領域中，這個獵人與猴子的實驗相當有名。那麼，這個實驗又是源自何處？原本又是什麼樣的故事呢？我實際調查了一下。

美國的網站大多都將這個實驗稱作「Monkey and Hunter apparatus」，而每個網站講的故事也稍微有些不同。

舉例來說，Wikipedia的英文版中是這樣寫的：「進入森林尋找獵物的獵人，看到前方有一隻猴子吊掛在樹枝上，和自己的頭高度相同。那麼獵人應該要將吹箭瞄準哪裡、在何時射出，才能射中猴子呢？」而明尼蘇達大學網站上的版本則不是用吹箭，而是用麻醉槍。當猴子看到麻醉槍擊發時所產生的煙霧，便會立刻鬆手落地。不管是吹箭還是麻醉槍的注射器，其飛行速度都比獵槍還要慢很多，故我們可以預測，吹箭和麻醉槍都需要花上一段時間才能打到目標。

＊如何根據物理定律說明題目

而在實驗結束後，就必須和學生們解釋實驗的原理了。讓我們從物理學的角度，好好說明在這個狀況下如何讓箭命中猴子。

首先，假設猴子所在位置的高度為H（m），吊掛著猴子的樹和獵人A的水平距離為L（m）。吹箭的速度為V（m/s），並假設這個速度不會改變。而狙擊的角度為θ。

＊箭與猴子的狀況圖

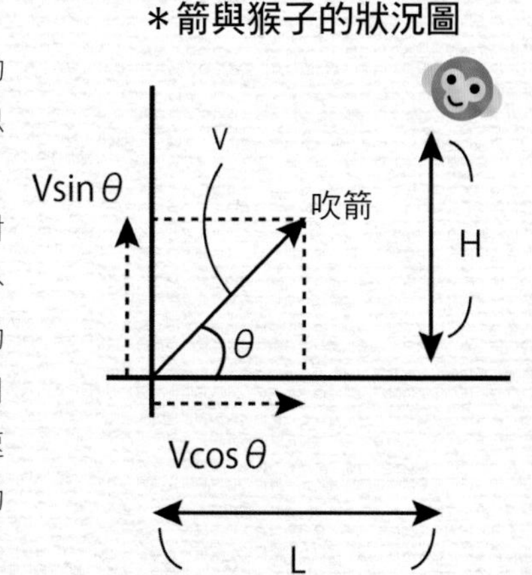

在這裡，我們可以將運動分成水平方向與垂直方向來思考，請學生們先記住這件事。

換言之，我們會將斜向射出之吹箭的運動，分成不受外力作用的水平方向等速運動（慣性定律），與受重力作用的垂直方向加速度運動（加速度定律）。這兩個方向的運動彼此獨立，不會互相影響。

＊求出吹箭需要的最低速度

首先，我們可由猴子所在位置的高度與瞄準角度，求出吹箭應有的最低速度。要是吹箭比這個最低速度還要慢的話，就會在射到猴子之前掉落在地面上。故這就是要射中猴子時，吹箭需要的最低速度。

吹箭在射出之後就只會受到重力作用，在水平方向不受力，故水平方向上是等速運動。

若想讓吹箭射中猴子，那麼吹箭必須能夠通過猴子位置正下方的空間才行，換言之，吹箭必須往水平方向飛行L（m）的距離。

如同我們一直強調的，吹箭在水平方向上是等速度運動，故吹箭移動L（m）所需的時間t為

$$t = \frac{L}{V\cos\theta}\ [s] \quad \cdots\cdots ①$$

而飛得最慢又要打得到猴子的吹箭，必須在猴子掉到地面上的瞬間剛好打中猴子，故猴子掉落抵達地面所需的時間，與吹箭在空

中飛行的時間相等。

由 $H = \frac{1}{2} g t^2 [m]$ 可得

$$t = \sqrt{\frac{2H}{g}} \ [s] \quad \cdots\cdots②$$

將②式代入①式，可求出V為

$$V = \frac{L}{\cos\theta}\sqrt{\frac{g}{2H}} \ [m/s] \quad \cdots\cdots③$$

這就是吹箭需要的最低速度。

以下討論皆假設吹箭的速度比③式所計算出來的最低速度還要快。由吹箭的水平運動，可以求出吹箭抵達猴子原始位置之正下方某處所需的時間①。換言之，這段時間就是吹箭射中猴子所需要的時間。

*吹箭射中猴子的條件是什麼？

那麼，在t秒的時候，吹箭和猴子的位置應有什麼樣的關係，吹箭才會射中猴子呢？或許您已經知道了，吹箭在發射後t秒可抵達猴子原始位置的正下方，若此時猴子與吹箭位於相同高度，吹箭就會射中猴子。

接著就讓我們馬上來計算此時猴子的高度，以及吹箭應位於什麼高度才可以命中猴子吧。

・猴子

猴子為自由落體（以初速為0的狀態自然落下），由等加速度運動之距離與時間的關係式可知，猴子開始落下t秒後之高度$h_{猴}$，會等於猴子原先的高度減去其落下的距離，將①帶入 t ，可求出猴子的高度。

$$h_{猴} = H - \frac{1}{2} g t^2$$
$$= H - \frac{1}{2} g \left(\frac{L}{V\cos\theta}\right)^2 [m] \quad \cdots\cdots④$$

·吹箭

吹箭是斜斜射出去的，故可拆成水平方向的等速直線運動，以及垂直方向的落下運動兩個部分。不過，若要求出高度的話，只要考慮垂直方向的運動就可以了，高度$h_{箭}$為

$$h_{箭} = V\sin\theta\, t - \frac{1}{2} g t^2$$
$$= V\sin\theta \times \frac{L}{V\cos\theta} - \frac{1}{2} g \left(\frac{L}{V\cos\theta}\right)^2 \text{ [m]} \quad \cdots\cdots⑤$$

令④=⑤，可得

$$H = \frac{1}{2} g \left(\frac{L}{V\cos\theta}\right)^2 + V\sin\theta \times \frac{L}{V\cos\theta} - \frac{1}{2} g \left(\frac{L}{V\cos\theta}\right)^2$$

因此

$$\tan\theta = \frac{H}{L} \quad \cdots\cdots⑥$$

由這個結果可以看出獵人應該要瞄準哪裡才能射中猴子。滿足⑥式的角度θ，即為獵人位置與猴子原始位置之連線，與地平線之間的夾角。換言之，只要瞄準猴子一開始的所在位置發射吹箭，就可以命中正在掉落中的猴子，我們用物理學證明了這一點。

另外，為了能在空中命中猴子，吹箭的速度須大於③式計算出來的最低速度才行。

* 歸納法與演繹法

科學方法可分為兩種，一種是將觀察與測量所得到的現象整理成資料，從資料中發現原理，並將其規則化，這就是所謂的「歸納法」；另一種則是基於這些規則，預測不同條件下可能會產生什麼現象，這就是所謂的「演繹法」。

獵人與猴子這個實驗便屬於後者的演繹法，也就是以一般、普遍的認知為前提，得到應用性、發展性的結論。就難易度與有趣程度來說，這個實驗相當適合作為邏輯推論的教材。

「槍法再怎麼爛，多射幾下也能射中」這種想法只是以打中標靶為目的而已，這個過程並不是科學方法。就算打中了一次，重現

性也很差。本實驗可以讓學生預測物品的運動模式，透過實驗進行驗證，只要善用至今獲得的知識進行邏輯性的思考，決定要瞄準哪個地方，就能在驗證的過程中體驗到興奮的心情。

此外，體驗發射彈力球時的緊張感，也是科學的有趣之處。實際打到目標時會讓人相當激動，從中獲得的成就感更是言語無法形容的。

授課時，若能在實驗前將人類所想出來的歸納法與演繹法向學生說明清楚，想必學生們在實驗成功後，也能獲得更大的喜悅與滿足感。

Experiment 實驗 No. 13

水蒸氣蒸餾&超臨界萃取DIY

Extraction

難易度	★★☆☆☆／★★★★★
對應的教學大綱	化學基礎／物質的組成
	化學／物質的狀態與平衡

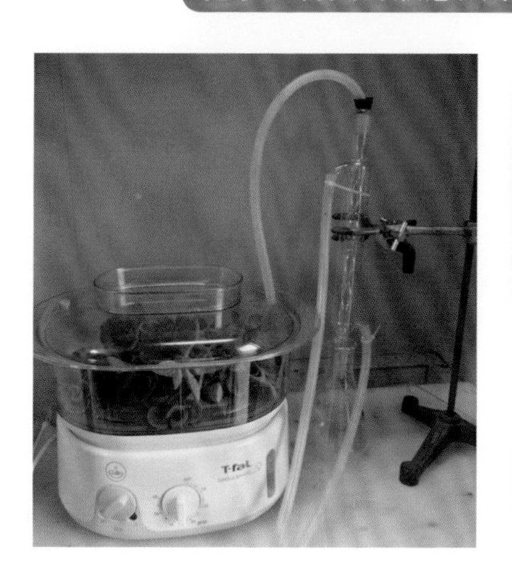

本節將介紹用便宜、簡單的工具進行蒸餾、萃取的實驗方法。不需使用各種複雜的玻璃器材也做得到！另外，本節也會談到萃取在化學領域的重要性，並告訴各位在向學生說明萃取所發生的反應時，解說的重點為何。

實際感受「萃取」這個常出現在我們周圍的化學操作，以瞭解其重要性、方法、原理。

觀察我們的生活周遭，您會發現許多事物其實都和「萃取」有關。為了表達出萃取在化學領域中的重要性，在告訴學生「萃取有什麼用？」時，拿我們周遭的例子來說明是絕對必要的。

從化學的觀點來看，茶也是萃取出來的，咖啡依沖泡方式不同，萃取的方法也不同，因此溶出的成分也會微妙地改變，味道也會有所變化。

最近流行的芳香療法中所使用的精油或芳香蒸餾水等，皆是萃取出來的產物。

這次我們會介紹在不使用複雜昂貴的玻璃器材的前提下，用便宜的器材進行萃取的方法。特別是後半段的超臨界萃取，更是有機化學研究室常用的萃取方法，請各位一定要參考看看。

基本實驗

用市面上的電蒸籠製作水蒸氣蒸餾裝置

準備材料

電蒸籠：家庭用的調理家電。便宜的約1,000多元，較高級的也可在幾千元內購得。

新鮮藥草：也可以用乾燥香草，但香氣容易逸失。這次用的是左手香（Aromaticus）。

冷凝管：可在科學器材網站上以幾百元的價格購得。

〈冷卻水循環裝置〉

熱帶魚水族箱用沉水幫浦：讓水循環的幫浦，可在熱帶魚用品店內以幾百元購得。

由任 2個：可在大型居家用品店的水管用品區購得。

玻璃管：可在大型居家用品店購得，塑膠製亦可。

保麗龍容器：可裝下幫浦與保冷劑的適當容器。

保冷劑：最好能有冰枕大小，也可使用買蛋糕時附贈的小保冷劑。

溫度計

家庭用電蒸籠。

新鮮藥草，這次使用的是左手香。

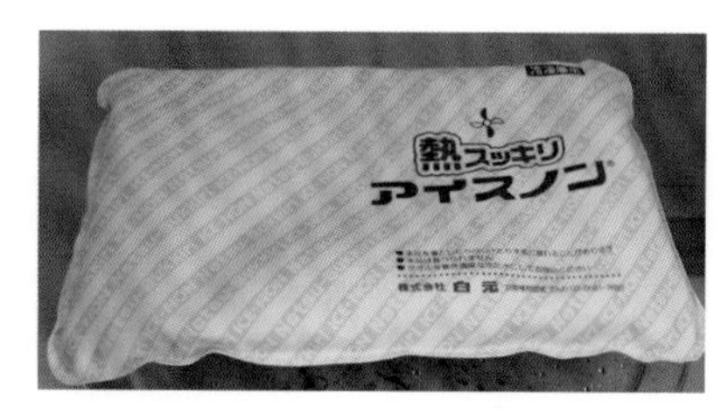

保冷劑。最好能有冰枕大小，也可使用較小的保冷劑替代。

注意事項 因為會產生蒸氣，請注意不要被燙傷。

實驗步驟

1. 用橡皮栓或電工膠帶將電蒸籠上的蒸氣孔塞住，僅留下一個孔，再將冷凝管接在這個孔上。

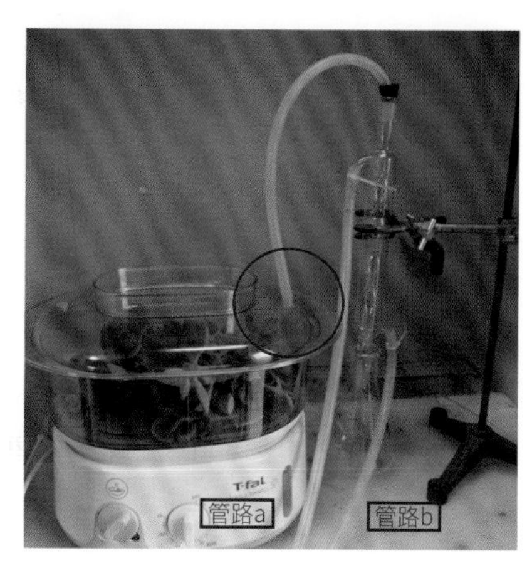

這樣的裝置就可以進行精油製作這種高性能的水蒸氣蒸餾。

實驗步驟

2. 如右圖般架設冷卻水循環裝置，將玻璃管末端與步驟1的管路b相連。

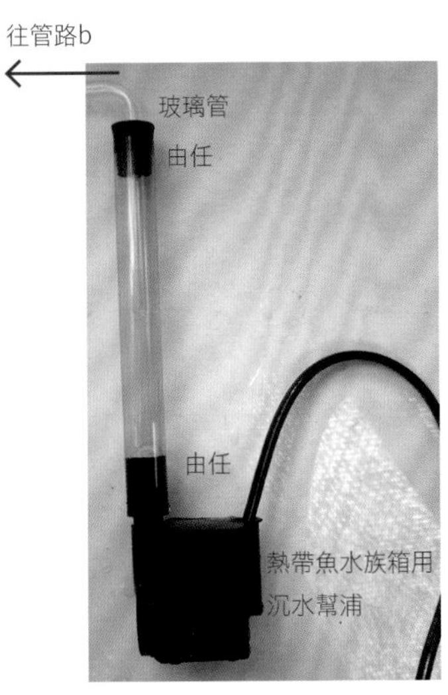

自製冷卻水循環裝置。

3. 如右圖所示，將保冷劑、冷卻水循環裝置放入保麗龍內。

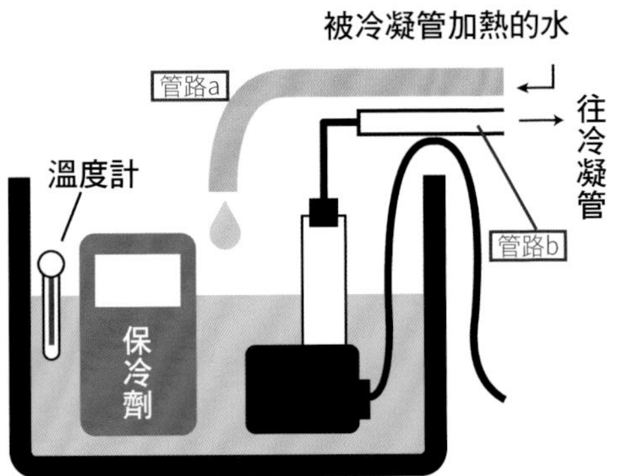

4. 開啟電源！

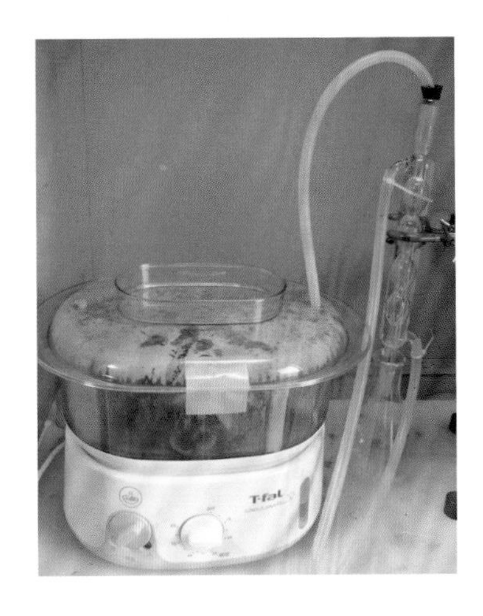

實驗步驟

5. 1個小時後，就可以得到500ml的芳香蒸餾水，以及1ml以下，極為少量的精油。

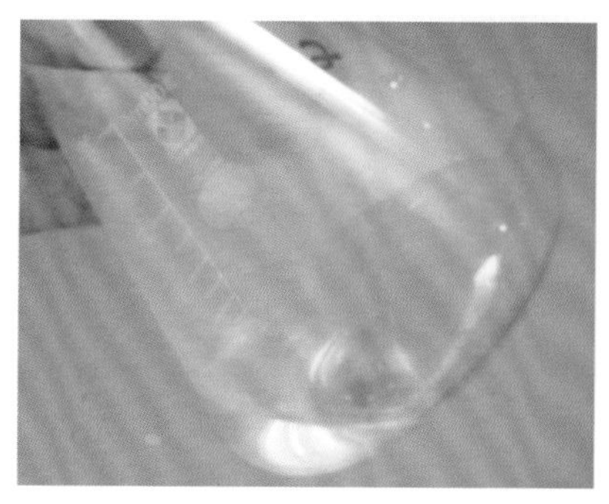

萃取出來的芳香蒸餾水。有薄薄幾滴精油漂浮在芳香蒸餾水上。

基本實驗 02

更簡單的暴力萃取法！

實驗步驟

1. 將蒸籠的蒸氣孔全部塞住。

2. 將保冷劑直接放在蒸籠上。

3. 直接回收集水盤內的萃取物。

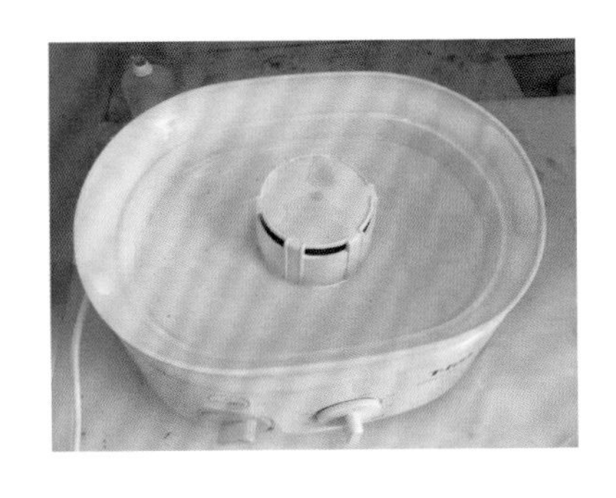

回收後的芳香蒸餾水。含有大量雜質，與使用冷凝管時的產物不同。

＊用簡單的裝置讓學生們看看水蒸氣蒸餾

數年前開始，在健康飲食的風氣之下，為了讓一般家庭也能輕鬆做出清蒸料理，市面上陸續出現了電蒸籠之類的調理家電。大概只要幾千元左右就可購得，若是小型蒸籠只要1,000多元，相當便宜。

不管是哪種蒸籠，都有將近1,200W的熱源，可以在短時間內產生高溫蒸氣，這次的實驗就是利用這些蒸氣，製作出水蒸氣蒸餾裝置。

這個裝置相當簡單，只留下一個蒸氣孔，並將該孔冒出的蒸氣導入冷凝管，僅此而已。這次是用新鮮的藥草做成芳香蒸餾水。市面亦有販賣以芳香蒸餾水製成的草本化妝水，每100ml大多要價幾百元左右。若用栽種在庭院的藥草自行製作化妝水的話，想必相當經濟實惠吧。

memo

若要將芳香蒸餾水做成自製化妝水使用的話，一定要先試擦看看，確定不會引起過敏反應後再使用。另外，多數的芳香蒸餾水若沒有冷藏的話就會腐敗，故一定要冷藏保存。

＊自製高價的冷凝裝置！

分液漏斗和索氏提取器常用於萃取實驗中，不過像索氏提取器這種較複雜的玻璃器材，要價好幾千元，而且不容易買到，給人一種門檻很高的感覺。

另外，在使用到冷凝管的實驗中，冷卻水的準備也是個問題。要將實驗室所使用的冷卻水循環裝置放到一般家庭內使用也未免太過誇張，而且它的價格甚至可以買一台中古車了。當然，也可以直接用自來水冷卻，流出冷凝管的水則直接排掉，不過這樣好像有些浪費……。

因此，本實驗介紹如何將市面上有販售的產品改造成堪用的冷卻水循環裝置，雖然效率比冷卻專用的實驗器材還要差一些，但已足以用在本實驗上。裝置的組成相當簡單，只要將熱帶魚用品店內販賣的沉水幫浦用由任連接上導管，再放入裝有水和保冷劑的保麗龍容器內，就完成了冷水循環系統。

雖然這是相當簡單的裝置，不過用在水蒸氣的蒸餾上時，卻能發揮出充分的冷卻能力。使用時間視保冷劑的大小而定，不過要用上2～3個小時應該是沒問題的。

順帶一提，冷凝管雖然也可以自製，不過在一些網路商店上，就可以用幾百元左右的便宜價格買到李必氏冷凝管或球形冷凝管。用比較專業的器材來做實驗，心裡也比較安心。

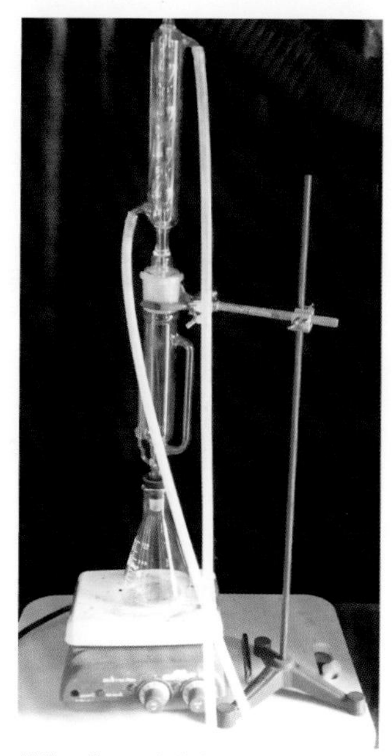

就算不使用昂貴的索氏提取器，也可以蒸餾出水蒸氣！

03 基本實驗

究極的萃取！用手作工具挑戰超臨界萃取

準備材料

<萃取裝置>

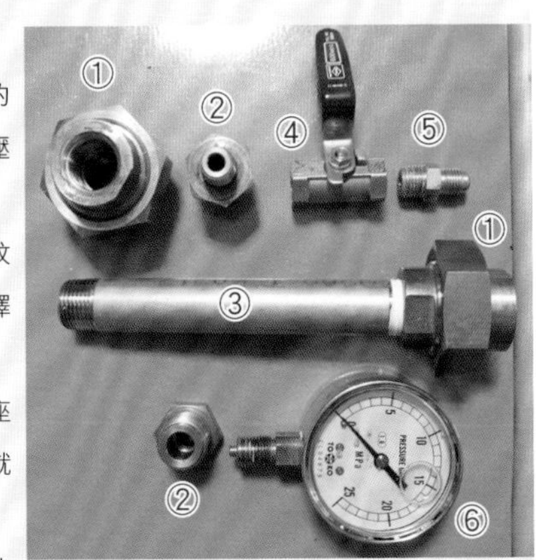

①②高壓由任：兩端皆可用螺紋固定的由任。會承受很大的應力，故不可使用常壓由任，一定要購買高壓由任。

③螺紋接管（nipple）：兩端皆以螺紋固定的水管。若要直接拿水管來用，請選擇1/2吋規格的水管。

④高壓球閥：可以的話，請選擇閥座（seat）部分是以PTFE（聚四氟乙烯，也就是鐵氟龍）製作的產品。

⑤噴嘴（nozzle）：非必須，若要防止飛散的話可裝上。可用較小的螺紋接管代替。

⑥壓力計：必須能防水，且最大值可到25MPa。

止洩帶：水管用品區一定有賣。

※以上材料皆可在大型居家用品店或網路商店等地方購得。

萃取用試樣：本次使用的是綠茶茶包。

乾冰：1kg約100元左右。可在乾冰專賣店、氣體專賣店買到。這次要用的量很少，故可到超市、蛋糕店、冰淇淋店索取一點他們不要的乾冰。

碎冰錐：只要能敲碎乾冰的話，用什麼工具都可以。

回收用容器：燒杯之類，可裝萃取出來產物的容器。

不鏽鋼調理盤：盛放30～50℃的熱水，用來加熱萃取裝置。請準備大小足以放下整個裝置的調理盤。

實驗過程中會處於超高壓狀態，為防止管路洩漏或破裂，組裝各零件時請務必仔細小心。另外，取用乾冰時請小心不要凍傷或低溫燙傷！

實驗步驟

1. 將各零件依組裝順序排列。

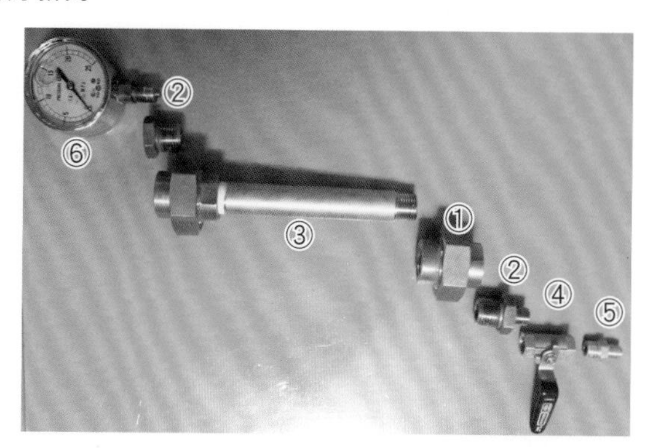

2. 以止洩帶將每個零件的連接處纏繞兩三圈。

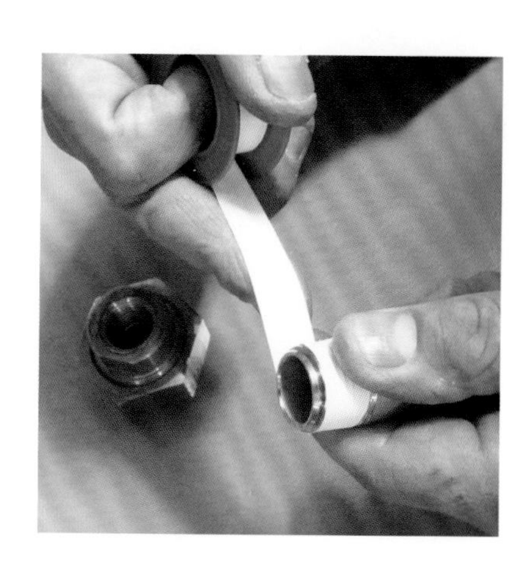

3. 將有螺紋的連接處鎖緊，使其完全密合。

將①鎖在③的末端。

實驗步驟

4. 完成！

再裝上④、⑤。

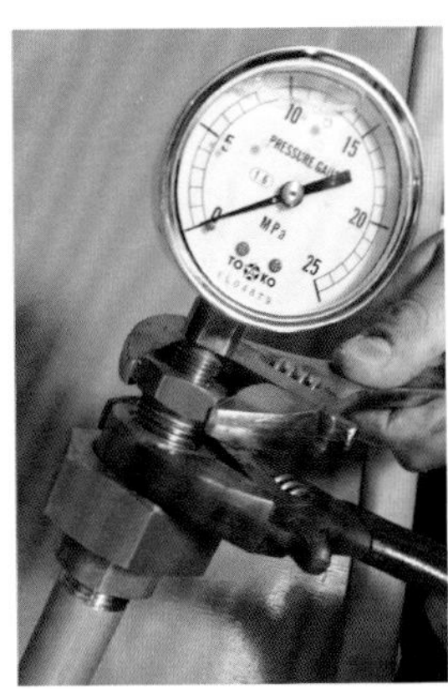

將壓力計固定在最上方。

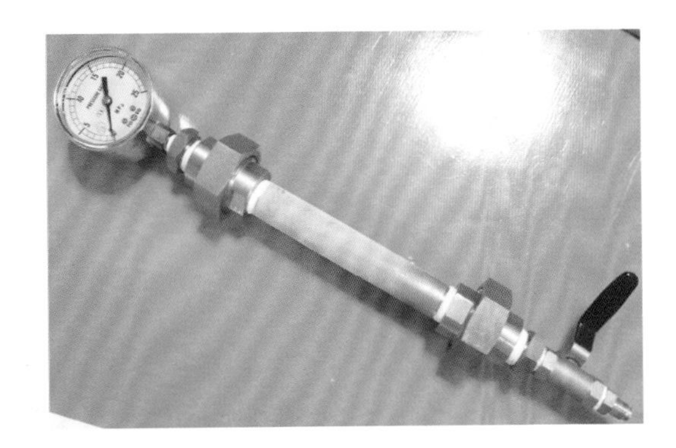

實驗步驟

5. 將萃取用試樣從螺紋接管的末端放入，確實塞緊。這次使用的是綠茶茶包。

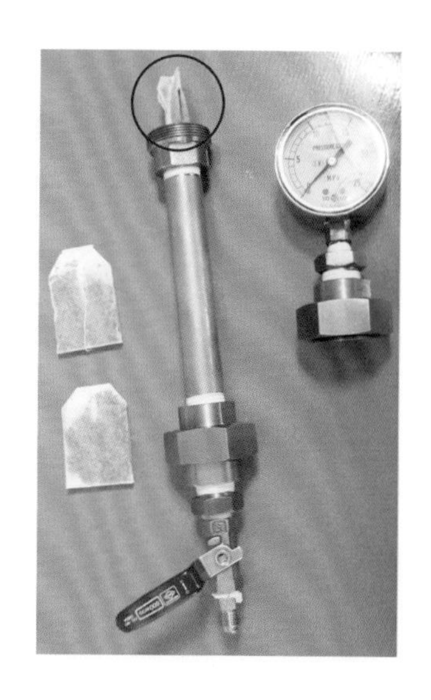

6. 將乾冰敲至粉碎。

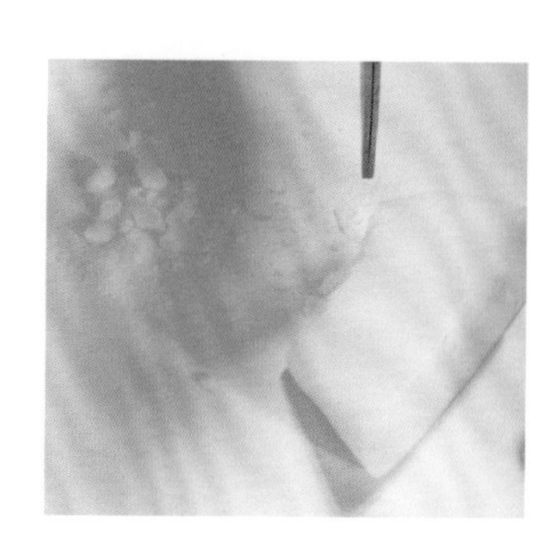

7. 將粉碎的乾冰鋪蓋在萃取用試樣上，不留空隙地填滿。鎖上由任，使試樣室內完全密閉。

實驗步驟

8. 將裝置放入不鏽鋼調理盤內，注意其溫度與氣壓，以30～50℃的熱水浸泡。

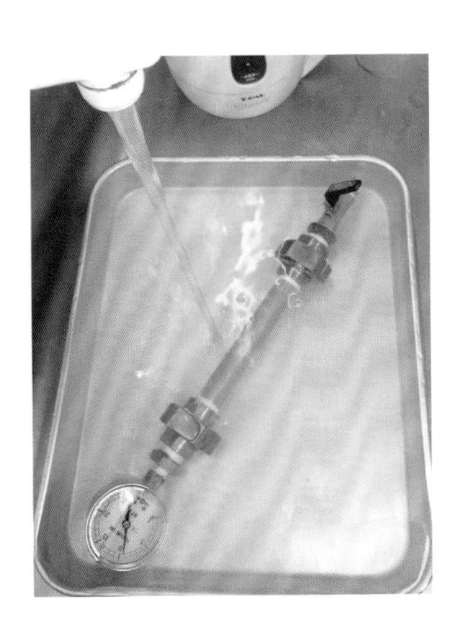

9. 當溫度達到31.1℃、氣壓達到7.382MPa（約74大氣壓）以上時，試樣室內會處於超臨界狀態，充滿超臨界流體。

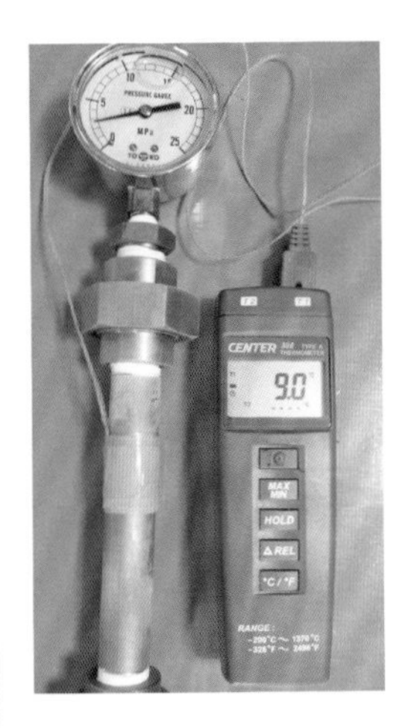

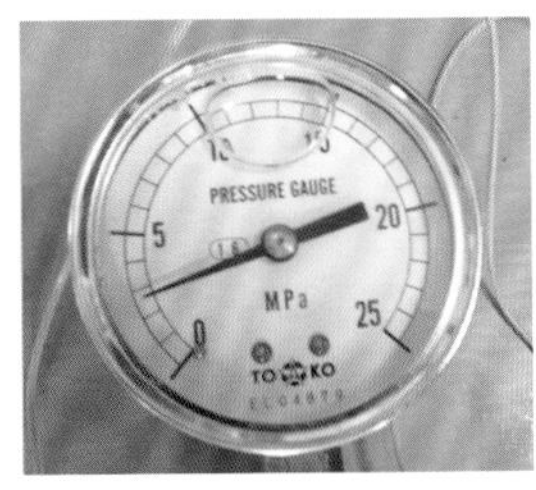

隨時留意壓力、溫度是否有滿足超臨界狀態的條件。

實驗步驟

10. 趁壓力還沒掉下來的時候，將噴嘴口朝向燒杯之類的容器，慢慢打開球閥，噴出氣體。此時要是沒有先用擦手紙擦乾的話，會有水分滲入，破壞掉好不容易維持的無水狀態。故請在打開閥門前，將表面確實擦乾。

11. 雖然很小，但可以看得到一顆顆結晶。雖然不確定其純度如何，但應該是咖啡因的結晶。

解說

＊在自家內DIY實現超臨界萃取！

在水蒸氣蒸餾後，接著介紹的並不是連續萃取或使用分液漏斗進行的萃取，而是一口氣跳到最尖端的萃取技術，超臨界萃取的介紹。

就連在實驗室內都很少看得到的超高壓環境，其實在自家就可以DIY組裝完成，這就是這次實驗的核心。雖然製作和操作簡單得不可思議，但畢竟實驗時會製造出超高壓環境，故選用材料和組裝時請務必謹慎小心，避免出錯。

＊實驗原理與重點

如各位所知，所謂的「超臨界流體」是同時擁有液體和氣體特性的流體。換個方式説，就是同時擁有液體的溶解性，以及氣體的發散性的流體。物質在相轉變成超臨界狀態時，其化學性質、物理性質也會大幅改變，這樣的性質可以應用在許多地方。

拿這次實驗所使用的二氧化碳（乾冰）來説，二氧化碳在超臨界狀態下，可以有效率地、選擇性地溶出咖啡因。現在許多廠商就是利用這樣的性質來製作無咖啡因的綠茶和咖啡。而二氧化碳的超臨界條件為31.1℃與74大氣壓，也是相對比較溫和的條件。故只要像前面的實驗介紹般，將二氧化碳放入密閉裝置內，提高溫度和壓力的話，就可以輕易使其達成超臨界條件。

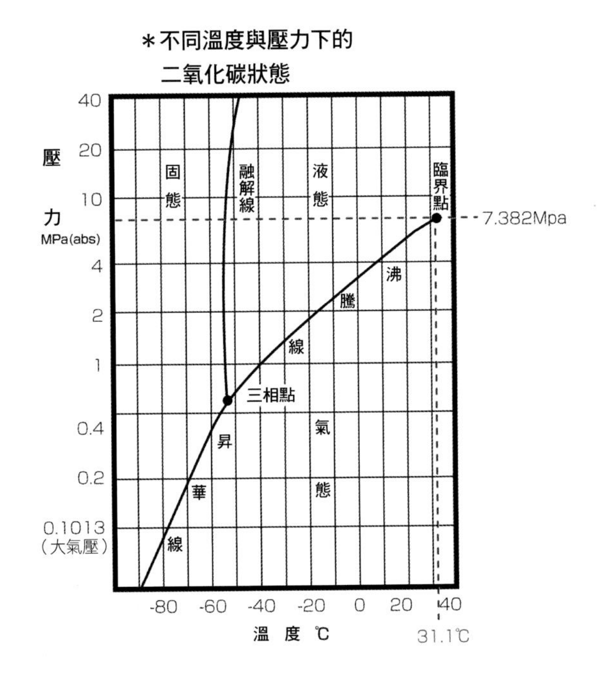

通常我們必須要用特殊幫浦將物質送入加壓室內，不過因為這次用的是乾冰，故可以省略這個裝置。另外，前面的實驗說明中是將裝置浸泡在溫水內以調節溫度，不過也可以改用吹風機吹熱，或者是注入熱水以提高溫度。

要取出產物也很簡單，只要在溫度還沒降低以前，將球閥打開一些，就可以回收內容物了。球閥內側原本是超臨界狀態，在球閥打開的瞬間，超臨界狀態就會被破壞，使二氧化碳變回氣體噴出。此時溶解在二氧化碳內的物質便會結成粉狀，落入回收用的容器內。取出產物時要注意的是，需保持含有試樣的螺紋接管內的超臨界條件，也就是維持31.1℃以上，以維持二氧化碳在超臨界狀態。若試樣室的溫度下降，不再是超臨界狀態的話，原本溶解在裡面的咖啡因就會析出，無法回收。

＊後續處理的重點

清洗裝置本體相當簡單，只要拆掉由任後水洗就OK了。麻煩的是壓力計。如果是巴登管式壓力計，沒有好好清洗的話，萃取試樣會塞在中間漩渦狀的管子內。清洗壓力計時，必須在沒有放入試樣、僅塞滿乾冰的情況下，重複數次與萃取實驗時相同的操作步驟，才可將壓力計內部完全清洗乾淨。巴登管式壓力計在結構上本來就比較容易累積髒汙，也可以在一開始就使用附有隔膜泵浦，能將壓力計與試樣分開的高級裝置。

教育重點

＊讓學生們思考水蒸氣蒸餾的機制

萃取是從自然界的產物中抽取出想要的東西，這正是人類最初使用的「化學操作」。像是咖啡或茶之類的東西，就是用水這種溶劑萃取出其中的精華。工業上也會藉由各種萃取過程得到單一特定的物質，我們周遭就有許多物質是從自然界產物中萃取出來的。

這次的萃取實驗，用到的是最原始的水蒸氣蒸餾法，然而萃取實驗時發生的事，卻比一般的萃取作業還要複雜。

這次的水蒸氣蒸餾中，可以萃取出少量的精油（油狀的香氣成分）。原本植物內的精油沸點很高，而且是幾乎不溶於水的有機化合物（多為萜烯類碳氫化合物）。不過當我們以高溫水蒸氣蒸餾植物時，水蒸氣的氣壓與大氣壓力相同，便可在低於精油原本沸點的溫度下，取出有機化合物（香氣成分），這就是萃取精油的機制。而且芳香蒸餾水中也會溶有少量膠體化的精油，可以用於其它用途。不過由於芳香蒸餾水的量比精油還要多很多，所以價格也比較便宜。

現在日本的教學大綱中沒有講到蒸氣壓的概念，故無法詳細說明水蒸氣蒸餾的機制。可以的話，請在教授水蒸氣蒸餾方法之前，簡單說明什麼是蒸氣壓，並請學生們去調查研究水蒸氣蒸餾的機制、優缺點等。

Experiment 實驗 No. 14

十九世紀的天氣預報!?
天氣瓶

Storm glass

難易度 ★★☆☆☆

對應的教學大綱
- 化學／物質的狀態與平衡
- 化學／無機物質的性質與利用
- 地球科學基礎／變動的地球
- 地球科學／地球的大氣與海洋

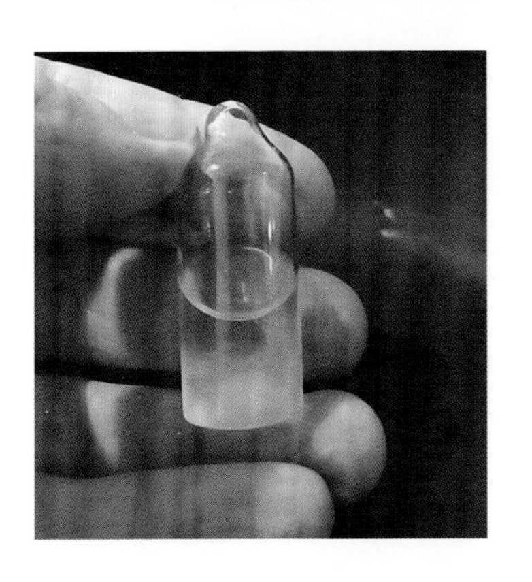

自十九世紀起，天氣瓶就被應用在天氣預報上。美麗的結晶時而形成時而消失，即使到了科學進步的現在仍然十分迷人。是個讓人能感受到古典浪漫情懷，親眼看到結晶析出的有趣實驗。

感受古典浪漫情懷，並親眼觀察到化學結晶的析出。

天氣瓶是十九世紀時船員用來預測天氣的工具，小小的瓶內溶有多種化合物，據説結晶形狀會隨著氣候變化而跟著改變。雖然瓶內結晶與真正的天氣情況並沒有準確的因果關係，不過隨機變化的結晶非常美麗，使用的材料也相當安全，故可以安心進行實驗，是這個實驗的一大優點。

過去的合成方法中會以硝石等作為原料。硝石的主要成分為硝酸鉀，雖然不是劇毒物質，但可用來做成火藥，故比較難以實驗藥品的名義購得。本實驗會將材料做些變化，限定在泛用性高、在藥品店就買得到的藥物上。

基本實驗

用瞬間冷卻劑與防蟲劑製作天氣瓶

準備材料

樟腦 13g：樹櫃用的防蟲劑即可。

硝酸銨 2.5g：可在藥品店或大型居家用品店以瞬間冷卻劑的形式購得（特別是夏天）。

氯化鉀 4g：就是超市賣的「健康鹽」。

乙醇 40ml：藥局可購得無水酒精。

蒸餾水 30ml

燒杯：清洗乾淨的燒杯。

密閉容器：螺旋瓶之類可看到內部情況的玻璃製瓶子。

能隔水加熱燒杯的容器

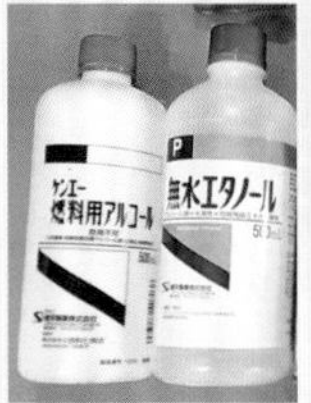

這次實驗的材料一覽。原本應該使用氯化銨與硝酸鉀，這次則以硝酸銨和氯化鉀代替。

在出現穩定的結晶以前，請盡量不要晃動它。夏天的天氣如果超過30℃的話，本身就不容易形成結晶，請避開溫度較高的季節。

實驗步驟

1. 將前述藥品分別秤好需要的量後，放入燒杯內溶解。溶解藥品沒有一定的順序，分量沒那麼精準也沒關係（最初的天氣瓶用的是天然出產的鹽類和萃取物，純度應該不高）。

低溫下不易溶解，故可隔水加熱加速其溶解。

2. 完全溶解後倒入瓶內密封，在室溫下放置兩天左右，便會開始出現結晶。

＊天氣預報的原理

理論上，天氣瓶內的結晶會隨著氣壓和氣溫的變化溶解或析出，只要看看液體內的結晶長什麼樣子，就可以預測天氣了。關於其預測原理有許多種說法，但所謂的結晶，本來就會因外界的溫度和氣壓的不同而產生微妙的變化。當然，氣溫較高時，結晶就會溶解消失，這沒有問題。那麼氣壓改變時，結晶的形狀會不會有什麼變化呢……？如果有的話，要預測暴風雨也不是不可能的事了。

然而，天氣瓶真的有辦法看出氣壓嗎？幸運的是，我在執筆這份原稿的時候，正好有颱風經過，讓我得以觀察天氣瓶的變化。而結果……什麼變化都沒有（笑）。確實，晝夜溫差大的日子會析出較大的結晶。而在颱風到來之前，溶液有一半左右都被大片羽毛般的美麗結晶覆蓋著。環境的變化確實會讓天氣瓶的溶液產生變化，然而這個變化真的是颱風造成的嗎？或者只是因為溫度改變才有這樣的變化呢？這個就無法區別了。

有人認為結晶成長的角度會指向低氣壓的位置，但這實在相當令人懷疑。話雖如此，光是氣溫氣壓等外界的變化，就能夠讓密閉容器內的結晶產生變化，這本來就是一件相當有趣且賞心悅目的事，因此很有製作看看的價值。

＊溶液的組成成分

因為天氣瓶是很久以前就有的東西，所以不會用到複雜的化合物。必要的試藥包括樟腦、硝酸鉀、氯化銨、乙醇等。以下材料據說就是天氣瓶的原始配方。

・樟腦 10g
・硝酸鉀 2.5g
・氯化銨 2.5g
・乙醇 40ml
・蒸餾水 33ml

我們在實際實驗後，將其改良成適合在亞洲製作的配方，也就是這次實驗所使用的配方。

因為這是在連秤量都不甚精確的年代所寫出來的配方，所以配方的組成並沒有那麼嚴格。當時的硝酸鉀指的是硝石，當然，硝石不僅含有硝酸鉀，也含有一定量的硝酸鈉。

而當時的氯化銨，用的應該是火山口附近析出的鹵砂。這是昇華性的結晶，故純度應該相當高。

不過，硝酸鉀是很難買得到的化學藥品。理由也很單純，因為硝酸鉀是製造火藥的原料。這裡讓我們換個方法，既然到頭來都要溶成水溶液，就表示我們只需要離子狀態的氯化銨和硝酸鉀就可以了。故我們可以將這兩種藥品用硝酸銨和氯化鉀代替，這兩種藥品相對容易取得許多。

硝酸銨常會和水一起裝在冰包內，藥妝店和大型居家用品店皆可買到（特別是夏天時常可看到擺出來賣）。氯化鉀的話，則可以使用超市內就有賣、給高血壓患者吃的「健康鹽」。健康鹽是氯化鉀和氯化鈉以1：1的比例混合而成的產品，量取必要的量加進溶液內就可以了。幸運的是，就算混了氯化鈉進去，也可以長出很漂亮的結晶，所以不用那麼斤斤計較藥品組成和純度也做得出天氣瓶。

樟腦用市面上販賣的樹櫃用防蟲劑就可以了。樟腦有獨特的香氣，還有抑制發炎的作用，故也會用在貼布或OK繃上，毒性相當低。

乙醇是溶劑。過去的蒸餾技術已可製作出高純度的乙醇，故我們也需要用高純度的乙醇。用藥局買的無水酒精就可以了。

＊只要混在一起就好！

接著就要來製作溶液，製作方法相當簡單，只要將各種材料放入洗乾淨的燒杯，攪拌均勻就好，接著再將其倒入適當的螺旋瓶內封緊就完成了。若說有什麼要注意的地方，大概就是藥品在低溫下不易溶解，故可用熱水隔水加熱，慢慢加入各成分溶解。

如前所述，混合比例不用那麼精準也沒關係。要是結晶的析出狀況很差的話，可以稍微增加一些樟腦的比例。不過，樟腦的量過多或過少都不行。樟腦過多的話，會有棉花狀的樟腦析出，看起來不太好看。在最適當的比例下，應該可以在20℃左右看到數mm長的針狀結晶。

將各種成分混合溶解之後，就把它倒入瓶子內封住，觀察會變成什麼樣子吧。成功的話，應該就會有結晶陸續析出。若使用隔水加熱混合的話，因為剛混合完時還很熱，故所有成分都還溶解在溶液內，不會析出結晶。大約需要兩天左右的時間，溶液的狀態才會漸趨穩定。溶液在裝入瓶內靜置的狀態下較容易產生結晶，雖然其原理目前仍不清楚。

冷卻時，可以試著將一個放在室溫內冷卻，另一個放在冰箱冷藏庫內冷卻。在冰箱內冷卻的溶液會析出棉花狀模糊不清的結晶，另一方面，靜置於常溫下的溶液則會析出針狀結晶。因此最好不要將溶液急速冷卻，放在室溫下使其慢慢冷卻，可得到比較漂亮的結晶。急速冷卻的話，溶液內會產生粉狀的固體，這樣就一點都不漂亮了。

難得可以看到那麼漂亮的結晶，光放在螺旋瓶裡面不是太可惜了嗎……！如果您也這麼想，不如試著依照下方介紹的方法改裝一下沙漏，製作出更精美的天氣瓶吧。

02 製作

改造成更浪漫的裝飾

準備材料

基本實驗1製作的溶液

沙漏：可於生活百貨或雜貨店等購得。

噴槍或AB膠等黏著劑：可使用在大型居家用品店買得到、適用卡式爐燃料的噴槍，如右邊照片所示。

注射器：注入溶液時使用。

斜口鉗、銼刀、保冷劑

步驟

1. 用斜口鉗剪開沙漏台座，取下沙漏。注意不要傷到沙漏本體。

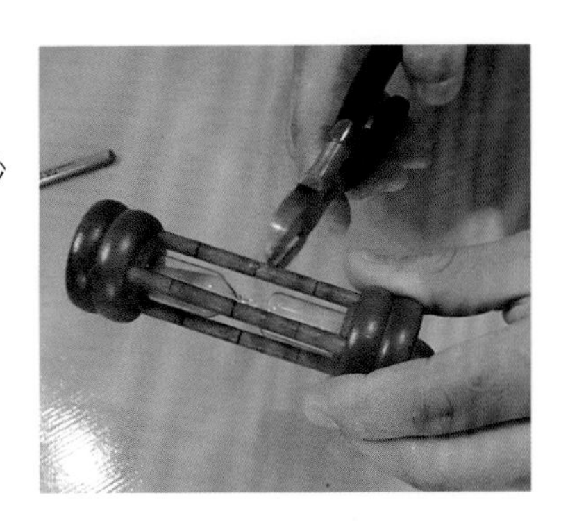

2. 以銼刀在沙漏頸部剉出刀痕，將其折斷。

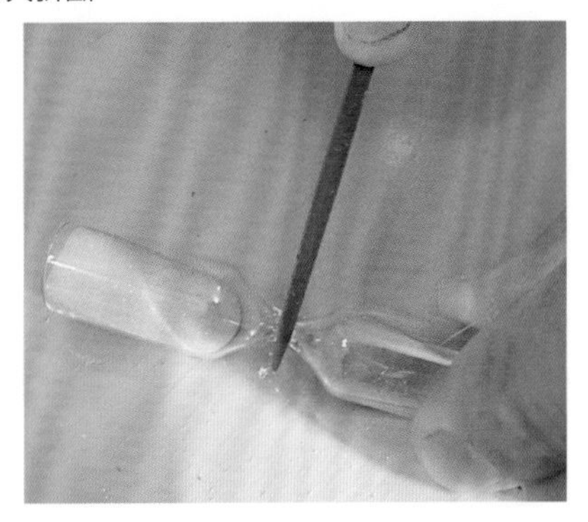

3. 丟掉內部的砂子，清洗乾淨。

步驟

4. 用注射器將基本實驗1所製作的溶液注入容器內至半滿。要是注射針插不進去的話，可以先將內部抽真空再加入液體。為了不要讓液體在注射器內部析出結晶，最好先加熱提高溶液的溫度。

5. 加完液體之後，用保冷劑之類的東西為液體降溫。

6. 待內部液體冷卻後，用瓦斯噴槍加熱封住洞口（或者用黏著劑封住洞口也可以）。

步驟

7. 完成！接著靜置於室溫兩三天，待其穩定下來就可以了。

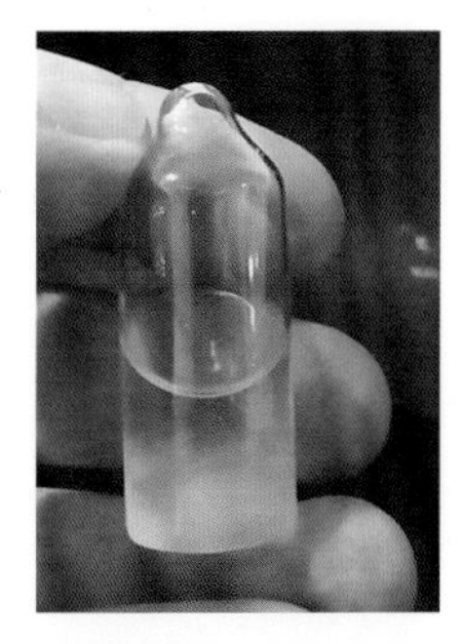

*. 可以將沙漏放回原本的台座，裝飾起來。看起來更為精緻。

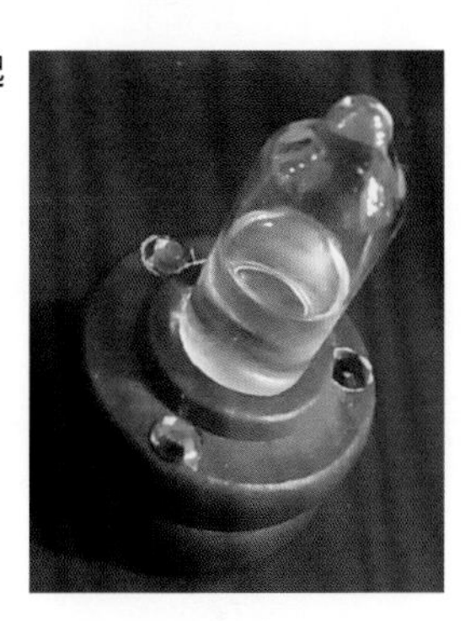

解說

＊看起來更漂亮

以我們手邊容易取得的道具來說，天氣瓶這種東西只要用附蓋子的螺旋瓶，或者裝維他命錠的空瓶就可以做得出來了，但這樣的外觀看起來未免有些廉價。讓我們試著改造它的外觀，把它做成看起來感覺更浪漫的裝飾吧。

盛裝溶液的容器最好是可以看到內部的透明容器。適用的材料包括玻璃和壓克力。壓克力加工容易，但必須用有機溶劑封住洞口，這就比較麻煩了。而且乙醇會滲進壓克力材料內，故無法用於天氣瓶。這樣看來，封進玻璃容器內應該是比較好的選擇。

在測試過許多容器之後，我們發現沙漏容易加工，似乎相當適合。先

用銼刀將沙漏的頸部剉出刀痕並折斷，就可用來當成容器了。不過原本在裡面的砂子必須丟掉並沖洗乾淨。砂子內含有眼睛看不到的細小顆粒，在溶液內可能會成為結晶核種，產生不必要的結晶，故最好將沙漏沖洗乾淨後再使用。

＊封住洞口

改造完沙漏之後，裝入液體、封住容器就容易多了。用注射器將溶液加到半滿，只要將注射針插入容器、注入液體就完成了。要是注射針插不進去的話，可先將容器內部抽成真空，這樣就能順利加入液體了。在注入液體之前，請先加熱提高液體的溫度。若液體溫度太低的話，可能會在注射器內部析出結晶，塞住注射器。

注射完液體之後，請用保冷劑之類的東西冷卻容器內的液體。乙醇的蒸氣壓較高，要是沒有確實冷卻的話，熔融玻璃密封時會快速膨脹。因此這次必須將其放到冰箱冷凍庫內盡可能冷卻，並用保冷劑包覆，讓溶液內乙醇的蒸氣壓降到最低。

充分冷卻之後，再用瓦斯槍熔融玻璃，封住洞口。這和製作安瓿瓶時的操作完全相同。封起來之後，就不會有雜質混入了。要是沒有瓦斯噴槍可以熔融玻璃的話，也可以用AB膠之類的黏著劑封住洞口。AB膠之類的環氧樹脂對乙醇有一定的耐受性，但不曉得對溶有樟腦的乙醇是否也有一樣的耐受程度。可以的話最好還是熔融洞口的玻璃，將其封住比較好。

最後，再將完成的天氣瓶放回沙漏的台座上，看起來就更精緻了。在開口處裝上鑰匙圈的鐵環也不錯。

放進較大的瓶子內，就可以觀察到更有魄力的結晶。

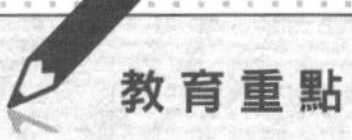

教育重點

讓結晶的析出感覺更貼近生活的實驗

製作天氣瓶讓學生在幾個簡單的步驟後，就能觀察到結晶的過程，是個很好的教材。高中化學的課程中，溶解度這個單元會教到結晶的析出。這時當然可以像課本一樣讓學生用明礬來做實驗，然而明礬結晶的成長速度相當慢，許多學生在做實驗時，都很難感覺到結晶有從液體中析出。如果在實驗課時讓學生們實際製作、觀察天氣瓶的話，馬上就可以看得到結晶，而且結晶相當漂亮，是能讓學生們產生興趣的最佳教材。

不過，天氣瓶得到的結晶並非純粹的結晶。若學生們問結晶為什麼會長成這個樣子？結晶會因為什麼作用而改變形狀？之類的問題，就屬於結晶化學或物理化學的領域了。這類問題很難解釋得清楚，我覺得不要拿來課堂上講比較好。慚愧的是，其實連筆者都不知道答案。

這次的實驗過程中，我們不使用硝酸鉀和氯化銨，改以硝酸銨和氯化鉀代替。這兩種溶質即使溶解後離子的狀態和原配方相同，分子數也不一樣，感覺可能會做不出來。但不用擔心，為了以防萬一，我也用原配方試做了一次，結晶的樣子和新配方並沒有差別，看來溶質的分量不用抓得那麼精確也做得出來。另外，雖然裡面已經含有多種溶質了，不過我們還可以再加入食用藍色1號，或者是其它的螢光化合物（右方照片便是加了核黃素的樣子），製作出各種不同的天氣瓶。

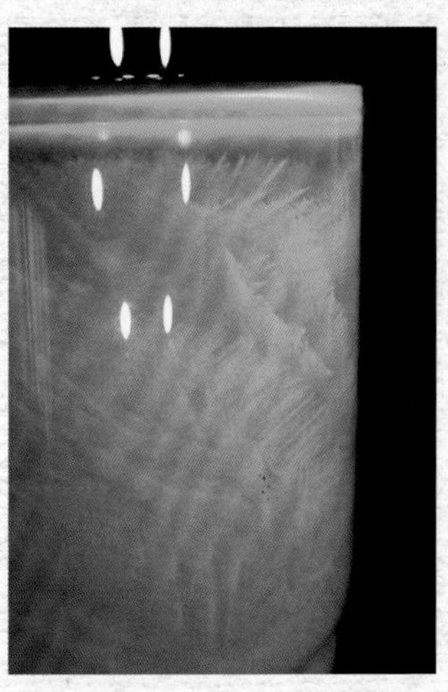

也可以做出像這種在黑光燈下會發出螢光的天氣瓶。

自行製作好用的實驗用基座

Pedestal

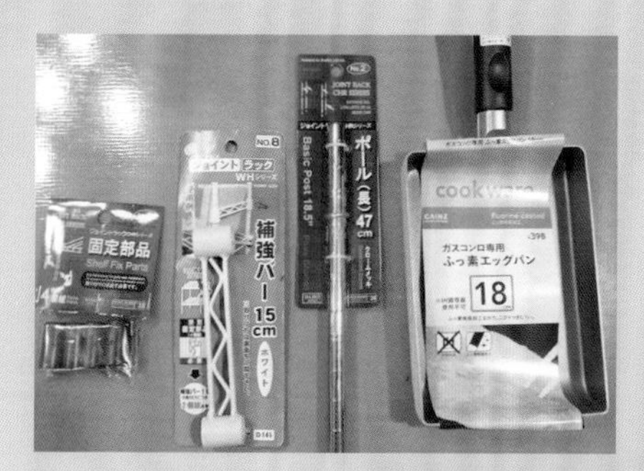

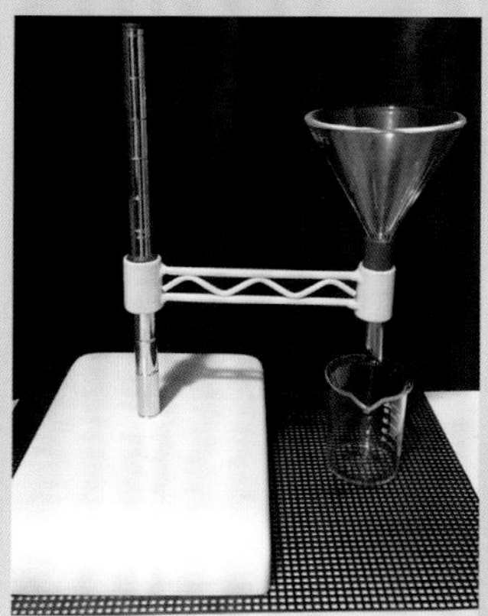

在實驗室會用到的器材中，鐵架和鐵架基座是相對不顯眼、經常被忽略的器材。然而，市面上販售的實驗用鐵架常過於笨重，難以運用在各種實驗上。這個番外篇將介紹如何運用身邊的材料，製作出簡單的實驗鐵架與基座，學起來的話一定能派上用場！

說到化學實驗的必備器材，一般人首先想到的應該會是燒瓶或燒杯之類的玻璃器材吧。不過用來固定這些玻璃器材的基座或鐵架之類的東西，卻常被人當作本來就會有的工具，甚至很多人沒有想到它是「必備器材」而忘了準備。雖然大家理所當然地用著這些工具，但其實也有不少人會抱怨基座或鐵架不穩，需要用各種方法讓它穩固，或是基座對藥品的耐受度不足、基座底部會干擾加熱攪拌器的運作等等。

為了避免發生這種事，讓各位在做實驗時能使用更順手的器材，本節將介紹如何用在大型居家用品店就買得到的材料，製作屬於自己的實驗基座。另外，如果您能熟練「鑽螺絲孔」、「裁切螺絲」等金屬加工方法的話，就可以自行製作、改造各種實驗裝置，將實驗預算壓縮至最低。

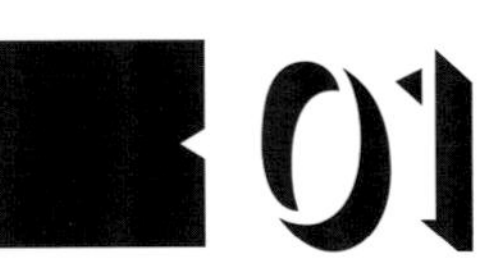

製作

這個好用！自製實驗鐵架

準備材料

鐵製槓片等：推薦使用甜甜圈狀的槓片。也可使用鷹架用的方形墊片或圓形墊片，或者是釣具店賣的鉛片。

方形平底鍋：大型居家用品店販賣的一般產品即可。

自組層架用的鐵管：可在生活百貨購得，每2cm會有一道刻痕。長度約50cm。

補強用支架

層架用鐵管的固定用具

墊圈：選用較大者，用來固定重物。

5mm鑽頭：手持電鑽，約1,000多元即可購得。

中心沖

M6絲攻：只買M6的話約100多元，買一整組的話約幾百元。

絲攻扳手

鐵管切割器：用來裁切鐵管的工具。

切削油：這次不使用也沒關係，不過如果要在鐵板之類堅硬的金屬上鑽螺絲孔時就需要用到。

螺絲起子、斜口鉗

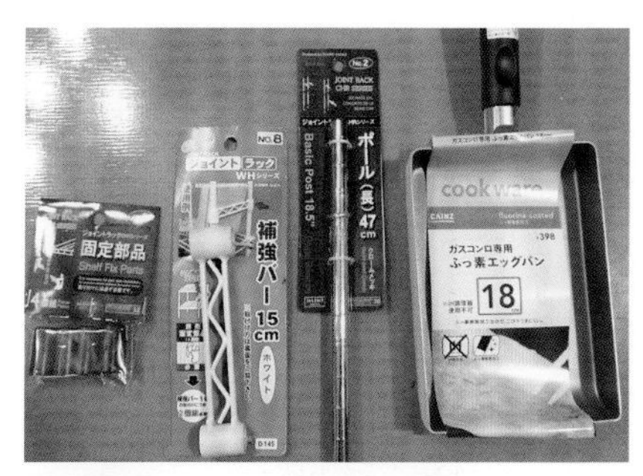

這次的材料。全都可以在大型居家用品店、生活百貨購得。

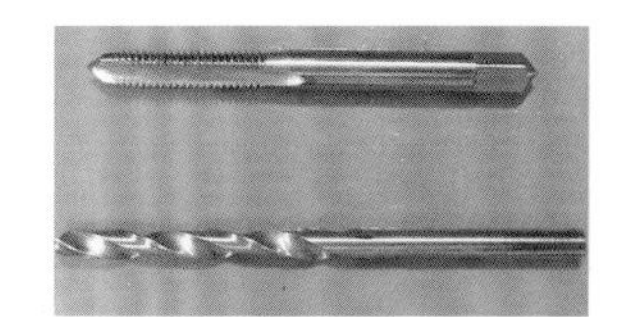

上方為M6絲攻，下方為5mm鑽頭。

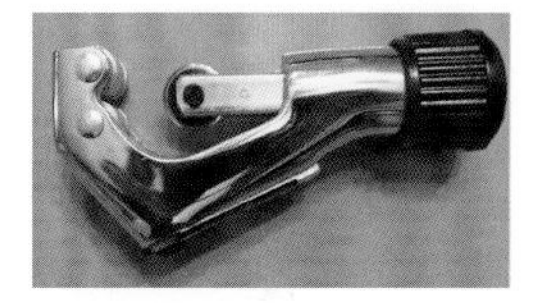

鐵管切割器。

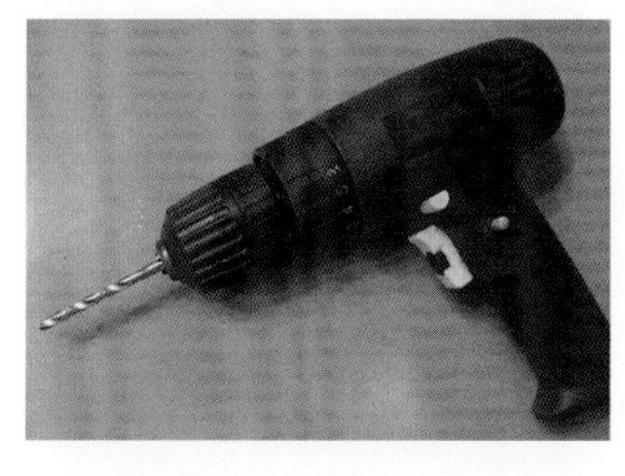

電動鑽頭。近年來價格愈來愈親民。由於可用變壓器調整其旋轉速度，故也可以改造成電動攪拌器……。

注意不要被金屬切口或金屬碎屑劃傷！

步驟

1. 將平底鍋的把手部分取下。如果是用螺絲固定的話，就用螺絲起子取下。如果是用鉚釘固定的話，就用斜口鉗剪斷（也可以直接用電鑽貫通，雖然有點暴力）。

步驟

2. 用中心沖在想開洞的地方壓出一個小凹槽，再將電鑽垂直立於其上，鑽出一個洞。貫穿的瞬間，電鑽頭會暴衝撞到地面，故請在下面用木板或不要的雜誌墊著。

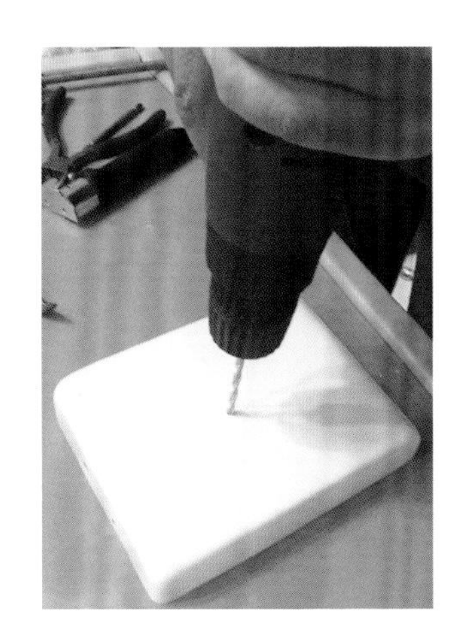

3. 將M6絲攻裝在T字扳手上。

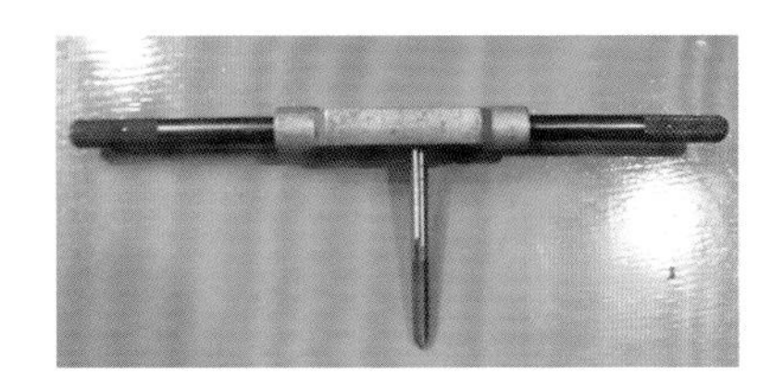

4. 將裝在T字扳手上的絲攻垂直鑽進平底鍋，確實開出一個螺絲孔。

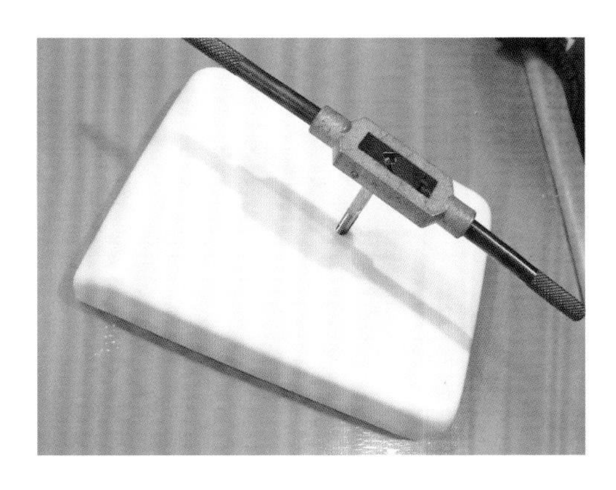

步驟

5. 開出螺絲孔之後，試著鎖上螺絲看看是否能確實穿過去。

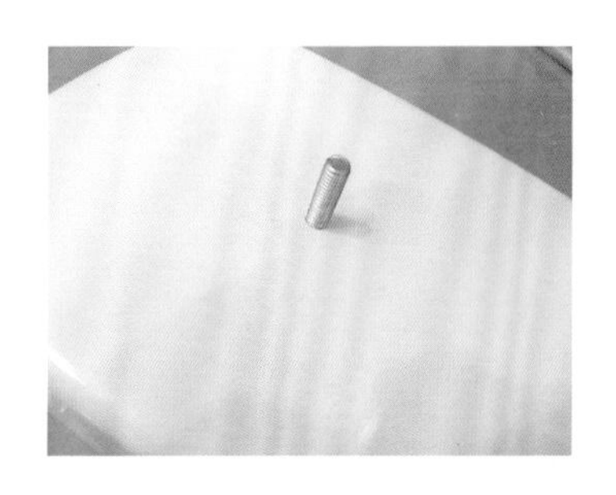

6. 用鐵管切割器將鐵管切斷成適當的長度（若鐵管的長度剛好的話，就不需要這個步驟）。這道手續不需要花很大的力氣，只要將刀刃輕輕靠上，慢慢劃出刻痕，就可以切斷鐵管了。

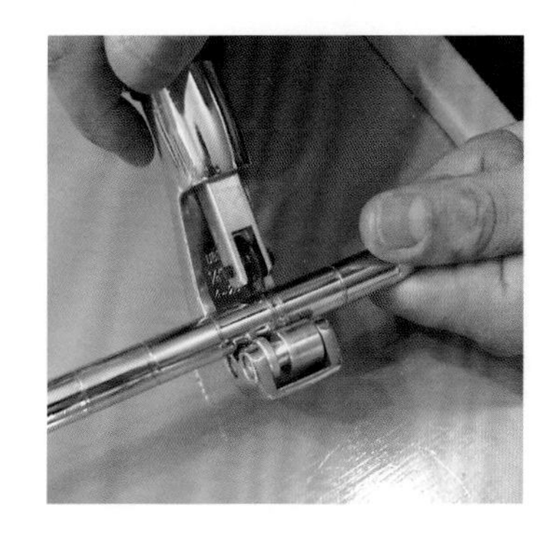

7. 用鐵管切割器附屬的銼刀將切口磨平。

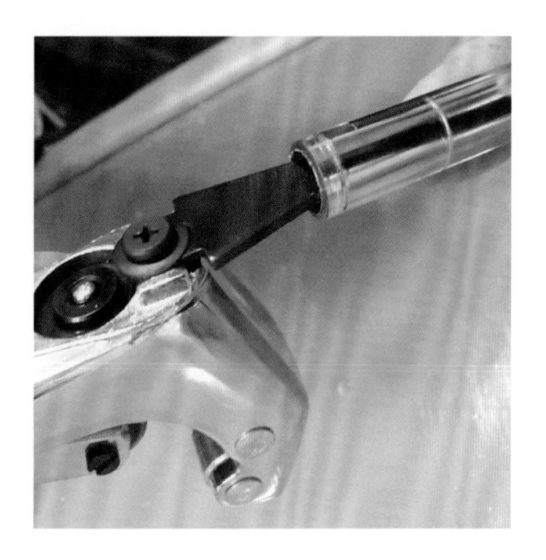

步驟

8. 背面要以M6螺絲固定。

9. 將鐵製槓片固定在平底鍋背面。請用較大的墊圈蓋住鐵製槓片的洞，用螺絲固定在平底鍋上。

10. 將支柱組裝上去就完成了！

步驟

＊ 外觀好像比市面上的產品還要差，但其實已經具備完整的功能。因為底下有固定重物，故即使架設大型玻璃器材也很穩。

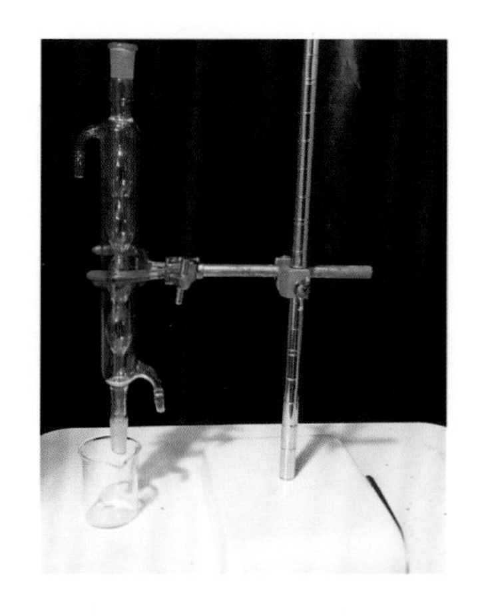

＊ 還可以裝設補強用支架，用來當作漏斗架……使用方式相當多樣化。

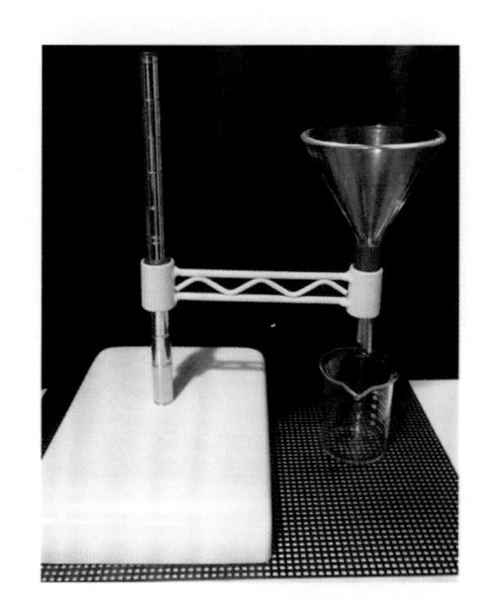

解說

＊材料的選擇

本次實驗介紹的是如何自行製作化學實驗中不可或缺，用來固定實驗用器材的基座與鐵架。所有材料都可以在大型居家用品店找得到，相當實用，成品也很耐操。

大型居家用品店可以找得到相當便宜的方形平底鍋，但別因為便宜就小看它。耐火燒是平底鍋的必備條件，故平底鍋皆使用了相當強的抗氧化塗料，塗層對藥品的耐受性也非常好，又比一般買的基座更為堅固，光是使用了調理器材用的塗層這點，就比市面上的基座還要優秀許多。

不過，問題在於它是用鋁合金製成，重量過輕，要拿來當基座可能會讓人有些不安。若要當基座使用，需要一定的重量才行，所以我們試著在上面加一些重物。

自組層架用的鐵管可在生活百貨買到。每2cm會有一道刻痕，可以用來架設固定器材用的支架。鐵管本身的長度約為50cm，需要的話可以將其裁短使用。鐵管的材料是鐵，外面則有一層防鏽的表面處理，若是生鏽的話由於價格相當便宜，只要再換一個就可以了。

鐵製槓片在這裡是當作重物使用。如前所述，基座的材料是鋁合金，相當輕。雖然鋁合金的基座就很好用了，但如果架設的器材裝有1L左右的液體，就很難保持穩定。如果翻倒的是水還不會造成太大的問題，但如果是強酸的話就很麻煩了，所以說基座要是沒有一定的重量還是會讓人不太安心。因此我們在平底鍋的內部再加上鐵製槓片，甜甜圈狀的槓片比較好裝設上去。由於只要裝上重量夠重的東西就行了，故並非一定要使用鐵製槓片，鷹架用的方形墊片、圓形墊片，或者是釣具店購得的鉛片等皆可以使用。

*選擇工具的方法

因為要為平底鍋加工，故必須要有可以進行金屬加工的工具。首先，請在大型居家用品店購買電鑽。這次我們要在鋁合金上鑽洞，雖然手動鑽孔器就夠用了，但如果有電鑽的話會方便許多，買一個來用也不會有什麼損失。

這次我們要開一個M6（外徑為6mm的螺絲）的螺絲孔，故使用的是5mm粗的電鑽頭。之後要用絲攻進行加工，原本用5.2mm的鑽頭會比較合適。不過由於是在鋁製產品上鑽孔，因此差0.1mm也沒什麼問題。

在開洞以前會先使用中心沖，中心沖是一根末端尖銳的金屬棒，用來在想開洞的地方鑽出一個小凹槽。這樣可以減少電鑽鑽洞時的晃動，使開出來的洞更為精準。

絲攻是用來鑽出螺絲孔的工具。在用電鑽鑽出洞之後，必須用絲攻將

這個洞轉變成可以鎖螺絲的螺絲孔。這次用的是M6螺絲，故請準備M6絲攻，大約100多元便可購得。也可使用效率較高的螺旋絲攻，它可以將切出來的碎屑陸續排出，使用上方便許多，不過價格大概是一般絲攻的2倍左右。如果只用一次的話普通的絲攻便夠了。很多人第一次使用時都會失敗，多用個兩、三次應該就能抓到訣竅了。成套的絲攻大約也只要幾百元左右即可購得。

使用電鑽和開螺絲孔用的絲攻時，請特別注意粗細。用電鑽鑽洞時，會使用比螺絲孔孔徑還要小1mm左右的電鑽頭。而用絲攻鑽出螺紋時，最重要的就是潤滑劑。切削油是金屬加工時，可減少刀刃負荷的化學物質。切削油含有氯化石蠟或有機鉬等極壓劑，可以大幅提高刀刃的耐磨耗度。其潤滑性也有將碎屑順利排出的效果。而要加工不鏽鋼之類較硬的金屬時冷卻相當重要，這種時候也需要切削油。不過這次要鑽孔的材質只是很薄的鋁合金而已，如果要在鐵板上鑽螺絲孔的話，就一定要使用切削油，可以趁這個時候一併購入。

＊拆開平底鍋

首先，將平底鍋的把手部分拆掉。不同的平底鍋，把手的連接方式也會不同，拆開把手的方式當然也不一樣。大多數平底鍋都是用最基本的螺絲或鉚釘組裝起來的。螺絲的話就用螺絲起子轉開來就好，鉚釘因為是永久固定，故必須破壞鉚釘才能拆開。如果是鋁製鉚釘的話，可以用斜口鉗直接剪開。若覺得麻煩，也可以直接用電鑽貫穿。雖然有點暴力，但卻可以確實除去鉚釘。

＊鑽孔加工

再來，要用電鑽進行鑽孔加工。在使用電鑽之前，必須先以中心沖決定位置。只要輕輕一敲，弄出一個小小的凹槽，就可以讓失敗的機率大幅降低。接著只要將電鑽垂直立於其上，貫通平底鍋就完成了。此時會冒出銳利的捲曲狀鐵屑，請注意不要被劃到手指。

另外，貫穿的瞬間，電鑽頭會暴衝撞到地面，因此請在下面用木板或不要的雜誌墊著，確保安全。

*絲攻加工

鑽孔加工完成之後，再來就要用絲攻將其加工成螺絲孔。絲攻加工的重點，在於要正確、垂直地開出一個螺絲孔。這次只是在2、3mm的薄金屬板加工而已，不需要過度緊張。不過如果要將深度在1cm以上的洞加工成垂直的螺絲孔，就不是件容易的事了。要是覺得絲攻鑽不太下去，或者是旋轉時阻力過大的話，可以使用切削油。若能使用切削油等金屬加工專用潤滑劑的話是最好，沒有的話，也可以使用沙拉油等黏性較強的油。

*裁切鐵管

許多鐵管切割器上都附有銼刀，以在切割完鐵管之後，將凸起處磨平。請在裁切完鐵管後，如步驟7的照片所示，用銼刀將切口磨平，防止之後手被劃傷。

本體加工完之後，再來要加工支柱。如果買來的鐵管長度剛好適合當作支柱使用的話，可以跳過這個步驟沒關係。如果希望鐵管可以短一些的話，就只能把多餘的部分切斷了。說到要裁切鐵管，一般人可能會先想到要用鋸子，不過要漂亮地將金屬製鐵管切成兩段並不是件簡單的事。有種東西叫做鐵管切割器，是裁切金屬製管狀物的專用工具，只要用它就可以將鐵管漂亮地切開。

而且很棒的是，生活百貨販賣的層架用鐵管每隔2cm就有一個刻痕，所以鐵管切割器的刀刃可以沿著這條刻痕，每次旋轉四分之一圈，慢慢把鐵管切斷。切割鐵管的訣竅，就在於不要把刀刃壓得太緊，只要將刀刃輕輕地靠著鐵管旋轉就好。刀刃切得更深時，再稍微壓緊鐵管繼續旋轉。切割鐵管不是靠蠻力，而是慢慢劃出切割線，最後再讓它靠著重量自行斷開。使用鐵管切割器時請記得這個原則。

*組裝

本體和支柱都加工完畢後，就可以開始組裝了。用附贈的M6螺絲鎖在平底鍋上，可將支柱固定得更加穩固。

這次我在大型居家用品店找到一個賣數百日圓的鐵製槓片，將其分解

後，有一個剛好可以用來當作重物的鐵片零件，於是我將其裝在基座上當作重物。雖然我用的是鐵製槓片，不過只要是重物，用什麼都可以，像是開了一個洞的厚鐵板，或者是釣魚用的鉛片也可以。

這次用的鐵製槓品零件中央的洞為15mm左右，M6螺絲會直接穿過洞口而無法鎖上。因此我們需要一個比較大的墊圈來蓋住這個15mm的洞。裝上鐵製槓片之後再組裝起支柱，就做出一個相當完美的製品了。因為重量夠重，自然也相當穩固。

原本只是一個平底鍋，後來卻能變身成一個高品質的實驗基座。要是不講的話，大概也沒人看得出來這個基座是自製的吧。如前所述，因為表面有耐熱塗層，因此耐久度也非常高。

＊使用補強用支架

實驗時，一般會用三叉夾來固定燒瓶，要以便宜的價格自行製作三叉夾還是有些困難。不過，層架用鐵管的直徑與三叉夾長柄的直徑還算接近，故市面上的各種固定器材大多可以直接使用。不過，若伸長三叉夾，架設的東西又太重的話，在槓桿原理的作用下，基座容易傾斜倒塌。如果是試管的話就還好，但如果是裝有液體的燒瓶就會不太穩定。這時如果使用補強用支架，就可以固定到旁邊的自製鐵管架上，會比一般的實驗裝置還要穩固，這是市面上的化學實驗裝置所沒有的優點。

02 製作 簡單幾個步驟讓砧板變身成鐵架！

準備材料

砧板：聚乙烯製作的砧板即可。

墊圈 2、3個：5cm左右的大型墊圈。

自攻螺紋襯套：用來撐住螺絲孔的金屬零件。可在大型居家用品店或網路商店購得。

前一個製作過程中所用到的層架用鐵管

電鑽

購買墊圈時，請注意大小是否與螺絲孔和鐵管相符。

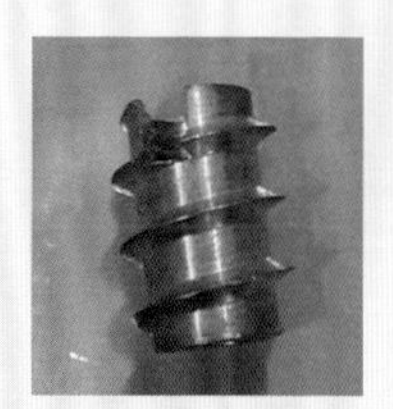

自攻螺紋襯套。有另一種和它很像的金屬零件叫做螺紋護套。購買時請注意不要買錯了。

步驟

1. 用電鑽在砧板上開一個洞。與先前的製作相同，為避免傷到桌面或地板，請在砧板下方墊上木板或不要的雜誌。

步驟

2. 將自攻螺紋襯套裝進洞內。

3. 墊上墊圈，將鐵管裝設上去便完成了。

*. 可以鑽好幾個洞，做成像鷹架般的結構。

*用砧板製作鷹架般的實驗鐵架

大型居家用品店所販賣的砧板大多是以聚乙烯製成，如各位所知，聚乙烯對多數藥劑都有出乎意料的抗性。既然如此，直接將鐵管插在砧板上，做成鷹架般可以自由架設鐵管的實驗用鐵架，不是方便又好用嗎？

當然，聚乙烯砧板也有它的問題，那就是聚乙烯比較不耐熱，作為塑膠的一種，其強度也不怎麼樣，直接在上面開一個螺絲孔的話，用沒多久就壞了。因此，這次我們會額外使用墊圈和自攻螺紋襯套等金屬零件。

自攻螺紋襯套這名字可能不常聽到，簡單來説，就是在木材或水泥等材質內撐開一個螺絲孔的金屬零件，可以把它想像成在一個螺絲中間挖空後再刻上螺紋的零件。其上方有一個可以咬合一字螺絲起子頭的凹槽，故只要先開一個大小適當的洞，用一字螺絲起子將自攻螺紋襯套鎖入，再將符合自攻螺紋襯套內徑的螺絲鎖入就可以了。

不過，單靠自攻螺紋襯套的強度，砧板仍沒辦法支撐金屬管的重量，必須再加上一個大型墊圈才行。墊圈可以將金屬棒的重量從螺絲孔分散到整個墊圈的「面」上，減輕螺絲孔的負擔。

這次的製作工程中，必須使用大型墊圈，才能讓整個結構足夠穩固。實際製作時，最好用2、3個5cm左右的大型墊圈比較讓人安心。

如果多製作幾個這種能架設鐵管的螺絲孔，實驗時就能自由更動鐵管的位置，製作出更彈性的實驗裝置，非常方便。

●卷末附錄●
本書實驗器材＆電子零件的入手管道

工具、實驗器材類

* MonotaRO（http://www.monotaro.com/）

  可以用很便宜的價格買到螺絲、工具等DIY用品。在日本國內是品項最齊全的網路商店。連燒杯等玻璃器材都買得到，非常便利。

* Tech-Jam（http://www.tech-jam.com/）

  理科、化學機器專業的網路商店。購買玻璃器材時最適合的商店。

* Nilaco（http://nilaco.jp/jp/）

  可購買到多種實驗用的金屬、合金的網路商店。有零售鉑絲、鎢絲等金屬絲。

電子零件類

* 秋月電子通商（http://akizukidenshi.com）

  電子零件的老店，亦販賣成套的電子製作工具。在秋葉原有店面，不過客人一直都很多，在網路商店買會方便許多。

* 千石電商（https://www.sengoku.co.jp/）

  有賣許多秋月電子通商沒賣的專業零件。電阻、電容、IC等產品的品項相當齊全。

* RS online（http://jp.rs-online.com/）

  電子零件的網路商店。有販賣非常多種電子零件，許多廠牌的零件都可以在這裡找到。是日本國內最方便的網路商店。

* Digi-Key（https://www.digikey.tw/）

  美國的大型電子零件網路商店。因為在國外，故需要一段時間等待商品送達。

* 貿澤電子（https://www.mouser.tw/）

  與Digi-Key同樣是美國的電子零件網路商店。有賣一些Digi-Key沒賣的、較專業的電子材料。

* Chip One Stop（http://www.chip1stop.com/）

  由日本公司經營的網路商店。有時可以找到便宜的商品。

拍賣類網站

* Yahoo拍賣！（日本）（http://auctions.yahoo.co.jp/）

  無需特別說明也眾所皆知的日本最大拍賣網站。可以便宜買到各種產品。實驗器材類的商品也相當豐富，而且價格常意想不到地低。

* eBay（http://www.ebay.com/）

  世界規模最大的拍賣網站。連雷射裝置、特殊的高壓電產品等日本不可能找得到的東西都有在賣。

* 淘寶網（https://world.taobao.com/）

  中國的拍賣網站。有些店家是由工業材料供應商經營，可以便宜買到超聲波振子或高壓電容等器材。

* AliExpress（http://ja.aliexpress.com）

  近年來業績急速成長的中國系網路商店。在上面可以找到各式各樣的材料，什麼都買得到。金屬錠等材料也相當便宜。

作者介紹

早稻田大學本庄高等學院 實驗開發班

＊影森 徹（Kagemori Touru）

於早稻田大學本庄高等學院教授物理，擔任理科主任。

以實驗為基礎進行授課，其獨特的教育方式獲得許多人的關注。除了指導中小學生教師的實驗以外，亦擔任理科部的顧問，教出許多科學競賽的獲獎者。

過去曾擔任上智大學理工學部的兼職講師，以及日本物理教育學會常務理事。

＊荻野 剛（Ogino Gou）

2010年，日本第一個以獨自開發的手製特斯拉線圈控制音階，並成功發表。

於千代田區主辦之「3331 Arts Chiyoda」的Extreme DIY中，成功以特斯拉線圈進行合奏，被稱為是新時代的超級樂器而成為流行話題。在手作領域中，從金屬加工到電子控制皆得心應手，可說是十項全能的達人。目前於早稻田大學本庄高等學院進行SSH的指導。

近年來在電力的無線傳輸上有革命性的發現，發表於電器資訊通訊學會，活動範圍相當廣泛。

＊中川 基（Nakagawa Hajime）

以生物化學類的實驗實習為主要領域的科學作家。

於奈良先端科學技術大學院大學、日本藥學生聯盟（APS-Japan）、河合塾、和光大學皆有演講活動。近年著作包括《真的很可怕嗎？食物的真面目（本当にコワい？食べものの正体）》（すばる舍リンケージ）、《日本藥妝店全攻略指南》（商周出版），後者甚至暢銷到出了中文版。以其它筆名進行漫畫、戲劇、電影的科學監修工作之外，亦有許多科學專業的著作。

Miryosuru Kagaku Jikken
Copyright © 2015 Hajime Nakagawa
Chinese translation rights in complex characters
arranged with Subarusya Corporation through
Japan UNI Agency, Inc., Tokyo

滿足好奇心！開拓新視界！
比教科書有趣的14個科學實驗 I

2019年 7 月1日初版第一刷發行
2020年11月1日初版第三刷發行

作　　者　早稻田大學本庄高等學院 實驗開發班
譯　　者　陳朕疆
編　　輯　邱千容
特約設計　麥克斯
發 行 人　南部裕
發 行 所　台灣東販股份有限公司
　　　　　＜網址＞www.tohan.com.tw
法律顧問　蕭雄淋律師
香港發行　萬里機構出版有限公司
　　　　　＜地址＞香港北角英皇道499號北角工業大廈20樓
　　　　　＜電話＞（852）2564-7511
　　　　　＜傳真＞（852）2565-5539
　　　　　＜電郵＞info@wanlibk.com
　　　　　＜網址＞http://www.wanlibk.com
　　　　　　　　　http://www.facebook.com/wanlibk
香港經銷　香港聯合書刊物流有限公司
　　　　　＜地址＞香港荃灣德士古道220-248號
　　　　　　　　　荃灣工業中心16樓
　　　　　＜電話＞（852）2150-2100
　　　　　＜傳真＞（852）2407-3062
　　　　　＜電郵＞info@suplogistics.com.hk
　　　　　＜網址＞http://www.suplogistics.com.hk